21 世纪高等院校数学公共课系列教材

数学实践训练教程

主　编◎李香林
副主编◎高灵芝　郭琳琴　杜一平

北京大学出版社
PEKING UNIVERSITY PRESS

图书在版编目(CIP)数据

数学实践训练教程/李香林主编. —北京：北京大学出版社，2022.8
ISBN 978-7-301-33173-6

Ⅰ.①数… Ⅱ.①李… Ⅲ.①高等数学－实验－高等学校－教材 Ⅳ.①O13-33

中国版本图书馆 CIP 数据核字（2022）第 135940 号

书　　名	数学实践训练教程 SHUXUE SHIJIAN XUNLIAN JIAOCHENG
著作责任者	李香林　主编
责任编辑	曾琬婷
标准书号	ISBN 978-7-301-33173-6
出版发行	北京大学出版社
地　　址	北京市海淀区成府路 205 号　100871
网　　址	http://www.pup.cn　新浪微博：@北京大学出版社
电子信箱	zpup@pup.cn
电　　话	邮购部 010-62752015　发行部 010-62750672　编辑部 010-62754819
印 刷 者	北京鑫海金澳胶印有限公司
经 销 者	新华书店
	787 毫米×980 毫米　16 开本　14.75 印张　310 千字 2022 年 8 月第 1 版　2022 年 9 月第 2 次印刷
印　　数	3001—5000 册
定　　价	39.00 元

内 容 简 介

本书是高等学校数学实验课程的教材，其内容与高等学校理工类、经管类各专业所开设数学基础课程的内容相匹配，共分为两篇：第一篇为软件篇，共8章，介绍MATLAB和LINGO两种数学软件的基本内容及其应用，其中例题的选择以验证性与设计性的实验为主；第二篇为实验篇，共24个实验，其中实验课题的选择以实践性与创新性的实验为主. 本书内容丰富，实验类别、层次多样，注重引导学生理解和体会解决实际问题的数学思想方法.

本书可作为数学实验相关课程的教材，也可作为数学建模工作的参考书.

前　言

近年来，我国高等教育改革正在稳步进行并且不断深化，而实践教学体系的改革为重中之重．传统的数学教学模式主要强调数学的计算能力、逻辑推理能力和空间想象能力，而缺乏从具体现象到数学的一般化抽象和将一般结论应用到实际的实验性思维训练环节．随着数学科学与计算机技术的飞速发展和广泛应用，社会对高素质复合型、创新型人才的需求量增多，教育改革也更加趋向于培养学生的解决实际问题能力和创新能力，很多高等学校开设了数学实验课程．

吕梁学院于2012年开始数学实验教学探索，专门为有实践应用的数学课程开设了少量的实验课堂．2016年，将分散在各数学课程中的实验课堂整合成一门独立的数学实验课程"数学实践训练"．该课程有稳定的教学团队，建立了网上课程，为其他数学课程建设、教学改革，开放性比赛提供了素材与思路．经团队多次修改、补充该课程的讲义，现在整理成书稿出版．

本书的宗旨是利用数学软件帮助数学理论学习的同时，选择与数学基础课程的内容相匹配的实验课题作为数学知识的有力补充．它将经典数学知识、数学建模与计算机应用三者融为一体，使学生深入理解数学的基本概念与基本理论，熟悉常用数学软件MATLAB和LINGO，这样既培养了学生进行数值计算和数据处理的能力，也培养了学生应用数学知识建立数学模型、解决实际问题的能力，同时还可以激发学生学习数学的兴趣．

全书内容共分为两篇：第一篇为软件篇，共8章，介绍MATLAB和LINGO两种数学软件的基本内容及其应用，其中例题的选择以验证性与设计性的实验为主；第二篇为实验篇，共24个实验，其中实验课题的选择以实践性与创新性的实验为主．本书内容与高等学校理工类、经管类各专业所开设数学基础课程的内容相匹配，教学应在各专业学生数学基础课程学习过程中同步穿插进行．因此，本书的主要读者为高等学校理工类、经管类各专业的学生．书中内容深入浅出，讲解详细，易于理解，建议教师根据课时和本校培养特色挑选内容，少讲精讲，重点引导学生理解解决问题的数学思想方法，让学生自己上机实践，积极钻研，掌握实验的基本理论和方法．

本书的编写框架、结构由李香林确定，编者为"数学实践训练"课程组全体成员，具体分工如下：第一至六章由郭琳琴完成，第七、八章由张彩琴完成，实验一、二、十一、十二由郭琳琴完成，实验三、四由王晓红完成，实验五、六由刘彦芝完成，实验七由高灵芝完成，实验八、九由雷凤生完成，实验十、十三由高巧琴完成，实验十四至十六由杜一平完成，实验十七至二十由杨艳完成,实验二十一至二十四由张彩琴完成.全书由李香林统稿和定稿.武梦梦博士参与了书稿整理.

本书的出版得到了刘方教授的支持,同时得到了山西省高等学校教学改革创新项目“数据科学融入应用数学人才培养的研究与实践”的资助,在此表示衷心的感谢!另外,本书的编写参阅了许多专家和学者的著作或论文,在此一并向有关作者致谢!

希望本书能够得到广大师生的关心和厚爱.我们深知要想建设好一部教材,绝非一朝一夕能够实现,需要经过若干年的努力探索.虽然我们努力将本书编写成一部既有特色又便于教学的优秀教材,但由于作者水平所限,误漏之处在所难免,敬请读者批评指正.

编 者

2021年10月

目　　录

第一篇　软　件　篇

第二篇 实 验 篇

第一篇 软 件 篇

本篇着重介绍 MATLAB 和 LINGO 两种软件的基本内容及其应用.

MATLAB 是建立在向量、数组和矩阵基础上的一种科学计算软件,它将高性能的数值计算和可视化集成在一起,并提供了大量的内置函数.目前,在国内的高等学校中 MATLAB 已成为“线性代数”“自动控制理论”“数字信号处理”“图像处理”“动态仿真”等课程的基本教学工具,成为大学生必须掌握的基本技能.本篇第一至六章从 MATLAB 数据基础、作图、数值计算和符号计算、语言体系等几个方面分别进行介绍.

LINGO 是一种专门用于求解最优化问题的软件.它主要用于求解线性规划模型、非线性规划模型、二次规划模型、动态规划模型和整数规划模型,也可以用于求解线性和非线性方程(组)及代数方程(组)等.LINGO 中包含了一种建模语言和大量的常用函数,可供使用者在建立和求解最优化模型时调用.本篇第七、八章主要介绍 LINGO 的基本知识和基本使用方法.

第一章　MATLAB 概 述

MATLAB 是英文 Matrix Laboratory 的缩写，意为矩阵实验室，是一种广泛应用于工程计算及数值分析领域的新型高级语言平台. 该语言平台自 1984 年由美国 MathWorks 公司推向市场以来，历经多年的发展，现已成为国际公认的优秀的工程应用开发环境. MATLAB 功能强大、简单易学、编程效率高，深受广大科技工作者的欢迎.

1.1　MATLAB 的主要功能

MATLAB 可以进行矩阵运算，绘制函数和数据的图形，实现算法，创建用户界面，连接其他编程语言的程序，等等，是面向科学计算、可视化以及交互式程序设计的高科技计算环境，它为科学研究、工程设计以及需进行有效数值计算的众多科学领域提供了一种关于计算问题的全面的解决方案.

1. 数值计算和符号计算功能

MATLAB 的数值计算功能包括：矩阵运算、多项式和有理分式运算、数据统计分析、数值积分、最优化处理等. 通过 MATLAB 的符号计算可得到问题的解析式.

2. 绘图功能

MATLAB 提供了两个层次的图形命令：一种是对图形句柄进行的低级图形命令；另一种是建立在低级图形命令之上的高级图形命令. 利用 MATLAB 的高级图形命令可以轻而易举地绘制二维、三维图形或动态图，并可进行图形和坐标标识、视角和光照设计、色彩精细控制等.

3. MATLAB 语言体系

除了命令行的交互式操作以外，MATLAB 还能够以程序方式工作. 使用 MATLAB 可以很容易地实现 C 或 Fortran 语言的几乎全部功能，包括 Windows 图形用户界面的设计.

4. MATLAB 工具箱

MATLAB 工具箱分为两大类：功能性工具箱和学科性工具箱. 功能性工具箱主要用来扩充其符号计算功能、可视建模仿真功能及文字处理功能等；学科性工具箱专业性比较强，如控制系统工具箱、信号处理工具箱、神经网络工具箱、最优化工具箱、金融工具箱等，用户可以直接利用这些工具箱进行相关领域的科学研究.

1.2　MATLAB 的基本环境

MATLAB 的工作界面主要由工具栏、当前文件夹、工作区和命令行窗口组成，如图 1-1-1 所示. 下面主要介绍命令行窗口和工具栏中的 M 文件编辑窗口.

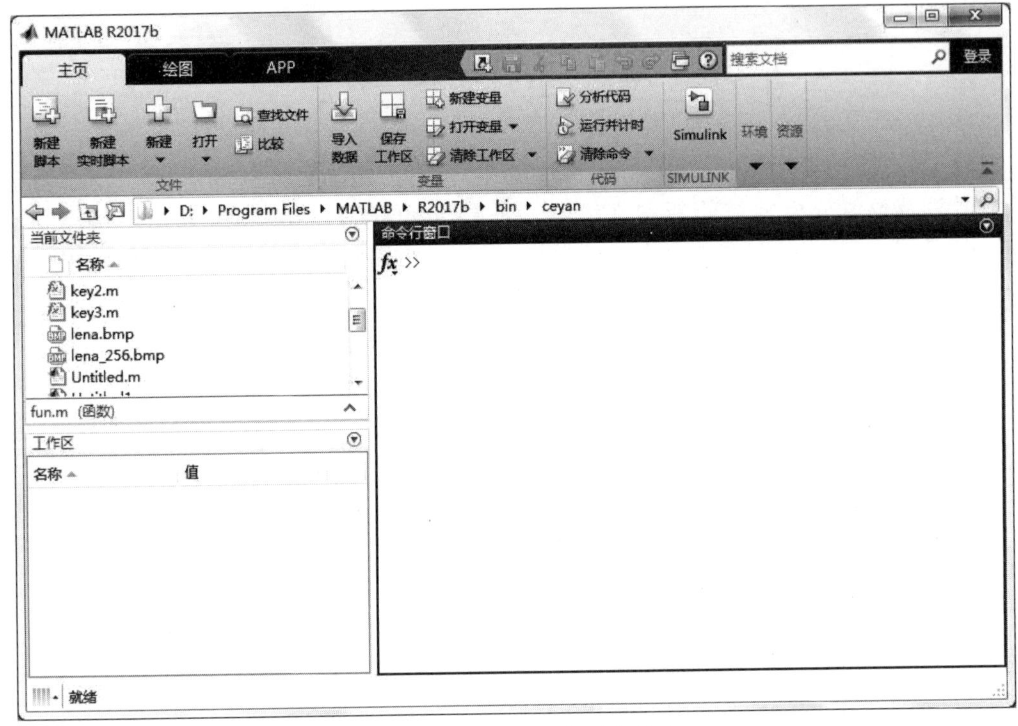

图 1-1-1　MATLAB 的工作界面

1. 命令行窗口

命令行窗口是 MATLAB 非常重要的窗口,用于输入命令并显示除图形外的所有运行结果,是 MATLAB 的主要交互窗. 命令行窗口中的"＞＞"是命令提示符,该符号与闪烁的光标一起表明系统就绪,等待输入.

MATLAB 具有良好的交互性,当在提示符后输入一段正确的运算式时,只需点击"Enter"键,命令行窗口中就会直接显示运算结果. 在命令行处可以点击"↑"键调回输入过的命令.

命令行窗口的输入规则如下:

(1) 一个命令行输入一条命令时,命令行以点击"Enter"键结束;

(2) 一个命令行输入若干条命令时,各命令之间需以逗号分隔,若前一命令后带有分号,则逗号可以省略.

例 1　计算 $\dfrac{12+2\times(7-4)}{3^2}$.

解　在命令行窗口输入:

```
>>(12 + 2 * (7 - 4))/3^2
```

运行结果：

```
ans =
      2
```

例 2　计算 sin 45°的值.

解　在命令行窗口输入：

```
>>sin(45 * pi/180)
```

运行结果：

```
ans =
      0.7071
```

需要注意的是，MATLAB 中三角函数的参数是以“弧度”为单位的，且可以是矩阵，这时表示对矩阵的每个元素计算三角函数值.

另外，在命令行窗口还可以通过输入命令来实现操作环境的改变，如命令 clear 用于清除工作空间中的所有变量；命令 clc 用于清除命令行窗口的内容，对工作空间中的所有变量无任何影响；命令 clf 用于清除图形.

2. M 文件编辑窗口

在工具栏中选择“新建脚本”或“新建—函数文件”后即可打开 M 文件编辑窗口. 该窗口主要用于编写程序或函数文件，如图 1-1-2 所示.

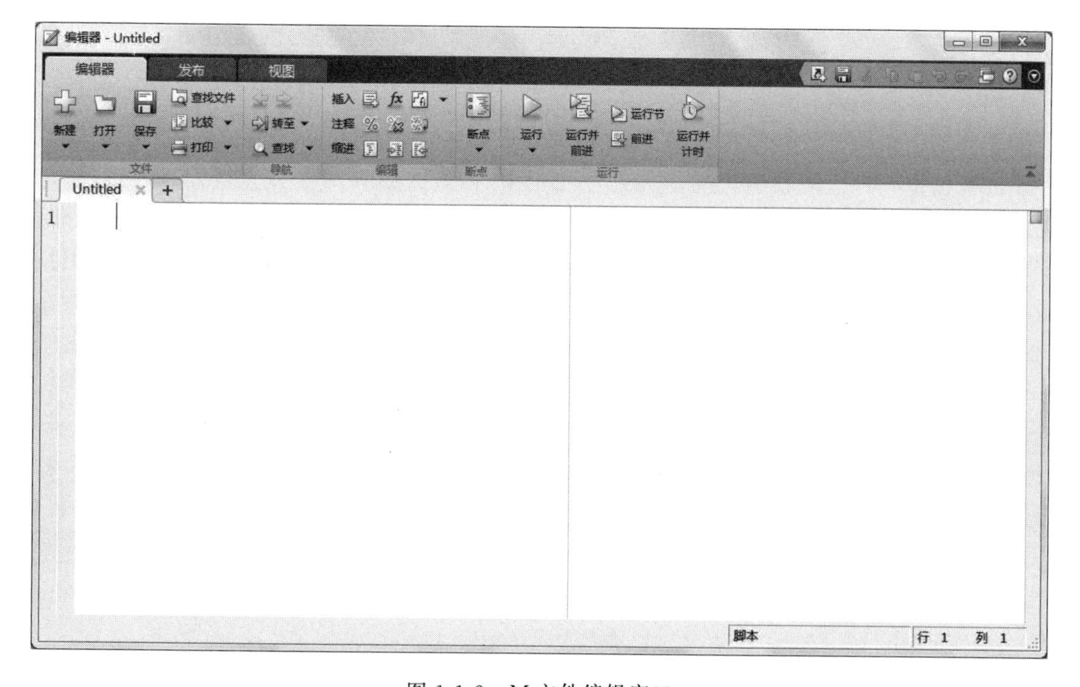

图 1-1-2　M 文件编辑窗口

第二章　运 算 基 础

MATLAB 是一个交互式系统，其基本运算单元是不需要指定维数和类型的矩阵，该系统提供了大量的矩阵函数和运算函数，可以方便地实现一些复杂的计算. 本章主要介绍 MATLAB 中矩阵的建立和基本运算.

2.1　MATLAB 数据的特点

在 MATLAB 中，矩阵是最基本、最重要的数据对象，所以 MATLAB 中的常数、函数和向量的输入、输出均是用矩阵形式来表示的. 事实上，单个数据(标量)可以看成一个 1×1 矩阵，一个 m 维向量可以认为是一个 $1\times m$ 或 $m\times1$ 矩阵.

2.2　MATLAB 常量和变量

在 MATLAB 中，常量有两种形式：一种是数字量，包括整数、浮点数、复数、逻辑值等；另一种是字符量，用一组单引号表示，如'e'.

MATLAB 中赋值语句有如下两种格式：

格式一：变量＝表达式

格式二：表达式

其中表达式由操作符或其他特殊字符、函数和变量名组成，表达式的结果为一个矩阵. 格式一中的赋值语句将会使表达式的值保存在变量中. 格式二是在命令行直接输入表达式，是格式一赋值语句的简单形式，此时会将表达式的值赋给 MATLAB 中的变量 ans(ans 是 MATLAB 中默认的结果变量. 每次进行运算后，结果都要储存在指定的变量中，如果用户没有指定运算结果所储存的变量，那么 MATLAB 就自动将结果储存在变量 ans 中).

MATLAB 对部分特殊变量进行了预定义，如表 1-2-1 所示.

表 1-2-1　MATLAB 中预定义的变量

变量名	意义
ans	默认的结果变量
eps	表示一个数可以分辨的最小精度，约为 2.2204e−16
pi	圆周率
Inf	无限大
i 或 j	虚数单元，sqrt(−1)
NaN	非数，0/0

在 MATLAB 中,变量的使用需要注意以下几点:

(1) 变量名由数字、字母、下划线组成,且必须是字母开头;

(2) 只识别变量名的前 18 个字符;

(3) 变量名区分大小写;

(4) 任何变量均视为矩阵;

(5) 凡以 i 或 j 结尾的变量均以复数处理.

2.3　MATLAB 矩阵

MATLAB 以复数矩阵为基本的运算单元,其大部分运算或命令都是在矩阵运算的意义下执行的.在 MATLAB 中,不需对矩阵的维数和类型进行说明,系统会根据用户所输入的内容自动进行配置.

1. 矩阵的建立

在 MATLAB 中,矩阵的建立一般有如下几种方式:

1) 输入矩阵

输入一个矩阵,最简单的方法是用直接排列的形式:将矩阵的元素用方括号括起来,按矩阵行的顺序输入各元素,同一行的各元素之间用空格或逗号分隔,不同行的元素之间用分号分隔.

例 1　建立矩阵 $\mathbf{A}=\begin{pmatrix}1 & 3\\ 4 & 8\end{pmatrix}$.

解　在命令行窗口输入:

```
>>A=[1 3; 4 8]
```

运行结果:

```
A =

  1   3

  4   8
```

这时表示 MATLAB 的系统已经接受并处理了命令,在当前工作区内建立了矩阵 **A**.

注意　命令行后如有分号";",则不会在命令行窗口显示该命令行程序代码的运行结果.

2) 利用 M 文件建立矩阵

利用 M 文件建立矩阵的步骤如下:

步骤 1　通过编辑程序输入文件内容;

步骤 2　把输入的内容以纯文本方式存盘,不妨设文件名为 mymat.m;

步骤 3　在命令行窗口中输入 mymat,就会自动建立一个矩阵,可供以后显示和调用.

例 2　建立一个由斐波那契(Fibonacci)数列前 10 项组成的矩阵 **A**.

解　打开 M 文件编辑窗口,并编辑以下内容:

```
A = [1 1];
for i = 3:10
A(i) = A(i - 1) + A(i - 2);
end
A
```

将文件保存为 fib. m.

在命令行窗口输入：

```
>>fib
```

运行结果：

```
A =
  1   1   2   3   5   8   13   21   34   55
```

3）利用函数建立矩阵

MATLAB 提供了许多生成和操作矩阵的函数，可以利用它们去建立矩阵. 表 1-2-2 列出了一些建立常用矩阵的函数.

表 1-2-2 建立常用矩阵的函数

函数名	函数功能
zeros	产生元素全为 0 的矩阵
ones	产生元素全为 1 的矩阵
eye	产生单位矩阵
magic	产生幻方矩阵
diag	产生对角矩阵
tril	产生主下三角形矩阵
triu	产生主上三角形矩阵
rand	产生均匀分布的随机矩阵
randn	产生正态分布的随机矩阵
vander	产生范德蒙德(Vandermonde)矩阵

以函数 zeros 为例，其调用格式如下：

zeros(m)：产生 m×m 零矩阵；

zeros(m,n)：产生 m×n 零矩阵；

zeros(size(A))：产生与矩阵 A 同样维数的零矩阵.

表 1-2-2 中其他函数的调用格式类似.

例 3 建立一个元素全为 0 的 2×5 矩阵.

解 在命令行窗口输入：

```
>> A = zeros(2,5)
```

运行结果：

```
A =
  0  0  0  0  0
  0  0  0  0  0
```

4）向量的生成

在 MATLAB 中，冒号“：”是一个重要的运算符，利用它可以产生向量，还可以拆分矩阵.

生成向量的冒号表达式的一般格式为

```
e1:e2:e3
```

其中 e1 为初始值，e2 为步长，e3 为终止值. 该表达式可产生一个由 e1 到 e3，以步长 e2 递增的行向量.

例 4 建立一个 10 维行向量，使得向量的第一个分量为 1，其后的每个分量以步长 2 递增.

解 在命令行窗口输入：

```
>>A = 1:2:19
```

运行结果：

```
A =
  1   3   5   7   9   11   13   15   17   19
```

另外，函数 linspace 也可产生行向量，其格式为

```
linspace(a,b,n)
```

其中 a 表示向量的第一个分量，其后的每个分量以步长(b－a)/(n－1)递增，b 为向量的最后一个分量，n 为向量的分量个数. 可见，linspace(a,b,n)与 a:(b－a)/(n－1):b 等价.

例如，例 4 还可以用以下方式实现：

在命令行窗口输入：

```
>>A = linspace(1,19,10)
```

运行结果：

```
A =
  1   3   5   7   9   11   13   15   17   19
```

2. 矩阵的修改、拆分和合并

在 MATLAB 中，可以方便地对矩阵中的子矩阵或某个元素进行引用，也可以将多个矩阵合并为一个矩阵.

1）矩阵元素的修改

在 MATLAB 中，符号 A(i,j)表示矩阵 A 中位于第 i 行和第 j 列交叉处的元素，可对其进行赋值和操作.

例 5 设矩阵 $\boldsymbol{A}=\begin{pmatrix}1 & 2 & 3\\4 & 5 & 6\end{pmatrix}$,将其中位于第 2 行和第 3 列交叉处的元素改为 0.

解 在命令行窗口输入:

```
>> A(2,3) = 0;
>> A
```

运行结果:

```
A =
  1  2  3
  4  5  0
```

2) 利用冒号表达式获得子矩阵

在 MATLAB 中,利用以下冒号表达式可以获得子矩阵:

A(i,:):取矩阵 A 第 i 行的全部元素;

A(:,j):取矩阵 A 第 j 列的全部元素;

A(i:i+m,:):取矩阵 A 第 i~i+m 行的全部元素;

A(:,k:k+m):取矩阵 A 第 k~k+m 列的全部元素;

A(i:i+m,k:k+m):取矩阵 A 第 i~i+m 行内位于第 k~k+m 列的元素.

例 6 设矩阵 $\boldsymbol{A}=\begin{pmatrix}1 & 2 & 3\\4 & 5 & 6\end{pmatrix}$,取其第 2 列和第 3 列元素,形成新矩阵 $\boldsymbol{B}$.

解 在命令行窗口输入:

```
>> A = [1 2 3;4 5 6]
>> B = a(:,2:3)
```

运行结果:

```
B =
  2  3
  5  6
```

3) 矩阵的合并

将矩阵变量作为元素,通过矩阵排列的方式可以建立大矩阵.

例 7 若矩阵 $\boldsymbol{A}=\begin{pmatrix}1 & 2 & 3\\4 & 5 & 6\end{pmatrix}$,$\boldsymbol{B}=\begin{pmatrix}2 & 3 & 4\\5 & 6 & 7\end{pmatrix}$,试将这两个矩阵合并为新矩阵

$$\boldsymbol{C}=\begin{pmatrix}1 & 2 & 3 & 2 & 3 & 4\\4 & 5 & 6 & 5 & 6 & 7\end{pmatrix},\quad \boldsymbol{D}=\begin{pmatrix}1 & 2 & 3\\4 & 5 & 6\\2 & 3 & 4\\5 & 6 & 7\end{pmatrix},\quad \boldsymbol{E}=\begin{pmatrix}1 & 2 & 3 & 2 & 3 & 4\\4 & 5 & 6 & 5 & 6 & 7\\2 & 3 & 4 & 1 & 2 & 3\\5 & 6 & 7 & 4 & 5 & 6\end{pmatrix}.$$

解 在命令行窗口输入:

```
>>A = [1 2 3;4 5 6];
```

```
>>B=[2 3 4;5 6 7];
>>C=[A B]
```

运行结果:

```
C=
  1  2  3  2  3  4
  4  5  6  5  6  7
```

在命令行窗口继续输入:

```
>>D=[A;B]
```

运行结果:

```
D=
  1  2  3
  4  5  6
  2  3  4
  5  6  7
```

最后,在命令行窗口输入:

```
>>E=[A B;B A]
```

运行结果:

```
E=
  1  2  3  2  3  4
  4  5  6  5  6  7
  2  3  4  1  2  3
  5  6  7  4  5  6
```

2.4 MATLAB运算符

MATLAB中的运算包括算术运算、关系运算、逻辑运算,其运算符如表1-2-3所示.

表1-2-3 运算符

运算类型	运算符	说明
算术运算	+ - * / \ ^	实现矩阵意义下的算术运算
	+ - .* ./ .\ .^	实现数组意义下的算术运算
关系运算	> >= < <= == ~=	运算结果为逻辑值; 真用1表示,假用0表示
逻辑运算	& | ~	参与运算的数据可以是任意类型的数值; 非零的数值当作真,而0当作假参与运算

在MATLAB中,算术运算+,-,.*,./,.\,.^为数组意义下的运算,即矩阵中相

应位置元素间的运算；而算术运算 +，-，*，/，\，^ 为矩阵意义下的运算，要求参与运算的两个矩阵能够进行矩阵意义下的运算. 例如，设 $\boldsymbol{A}$ 为 $m\times n$ 矩阵，$\boldsymbol{B}$ 为 $n\times k$ 矩阵，则运算 $\boldsymbol{A}\times\boldsymbol{B}$ 得到一个 $m\times k$ 矩阵. 假如第一个矩阵的列数和第二个矩阵的行数不一致，则系统会返回错误信息. 矩阵意义下的除法运算有两种：/ 和 \. 如果 $\boldsymbol{A}$ 为非奇异矩阵，则运算 $\boldsymbol{A}\backslash\boldsymbol{B}$ 和 $\boldsymbol{B}/\boldsymbol{A}$ 都可以实现，且 $\boldsymbol{A}\backslash\boldsymbol{B}$ 等同于 $\boldsymbol{A}$ 的逆左乘 $\boldsymbol{B}$，$\boldsymbol{B}/\boldsymbol{A}$ 等同于 $\boldsymbol{A}$ 的逆右乘 $\boldsymbol{B}$.

矩阵的运算对于参与运算的两个矩阵在维数上有要求，矩阵的加法、减法、点乘(.*)、点除(./或.\)运算，关系运算和逻辑运算需要参与运算的两个矩阵的维数相同. 在算术运算、关系运算和逻辑运算中，算术运算优先级最高，逻辑运算优先级最低.

练　　习

已知矩阵

$$\boldsymbol{A}=\begin{pmatrix} 4 & -2 & 2 \\ -3 & 0 & 5 \\ 3 & 5 & 3 \end{pmatrix},\quad \boldsymbol{B}=\begin{pmatrix} 1 & 3 & 4 \\ -2 & 0 & -3 \\ 2 & 1 & 1 \end{pmatrix},$$

在 MATLAB 中建立这两个矩阵并完成以下操作：

(1) 做运算 $\boldsymbol{A}*\boldsymbol{B}$ 和 $\boldsymbol{A}.*\boldsymbol{B}$，并说明两者的不同；

(2) 将矩阵 $\boldsymbol{A}$ 与 $\boldsymbol{B}$ 中位于第 2 行和第 2,3 列交叉处的元素互换，使得

$$\boldsymbol{A}=\begin{pmatrix} 4 & -2 & 2 \\ -3 & 0 & -3 \\ 3 & 5 & 3 \end{pmatrix},\quad \boldsymbol{B}=\begin{pmatrix} 1 & 3 & 4 \\ -2 & 0 & 5 \\ 2 & 1 & 1 \end{pmatrix};$$

(3) 用(2)中得到的矩阵 $\boldsymbol{A},\boldsymbol{B}$，生成一个较大维数的矩阵 $\boldsymbol{C}$，使得

$$\boldsymbol{C}=\begin{pmatrix} 4 & -2 & 2 & 1 & 3 & 4 \\ -3 & 0 & -3 & -2 & 0 & 5 \\ 3 & 5 & 3 & 2 & 1 & 1 \end{pmatrix};$$

(4) 计算 $\sin\boldsymbol{A}+\cos\boldsymbol{B}$ 的值，这里 $\sin\boldsymbol{A}$，$\cos\boldsymbol{B}$ 分别表示对矩阵 $\boldsymbol{A},\boldsymbol{B}$ 的所有元素求正弦和余弦.

第三章　图 形 绘 制

MATLAB 提供了强大且丰富的绘图功能，用户不需要过多地考虑绘图的细节，只要给出一些基本参数就能得到所需的图形. 本章主要介绍二维和三维图形的绘图函数以及一些常用的图形控制函数.

3.1　二维绘图

1. 函数 plot

函数 plot 的功能是绘制直角坐标下的二维曲线图形.

函数 plot 的调用格式如下：

```
plot(x,y)
plot(x1,y1,x2,y2,…,xn,yn)
plot(x1,y1,'cs',x2,y2,'cs',…,xn,yn,'cs')
```

其中 x 和 y 为坐标向量，c 和 s 分别表示颜色和线型.

例 1　在区间$[0,2\pi]$内绘制正弦曲线和余弦曲线.

解　在命令行窗口输入：

```
>>x = 0:0.01:2 * pi;
>>y1 = sin(x);
>>y2 = cos(x);
>>plot(x,y1,x,y2)
```

运行结果如图 1-3-1 所示.

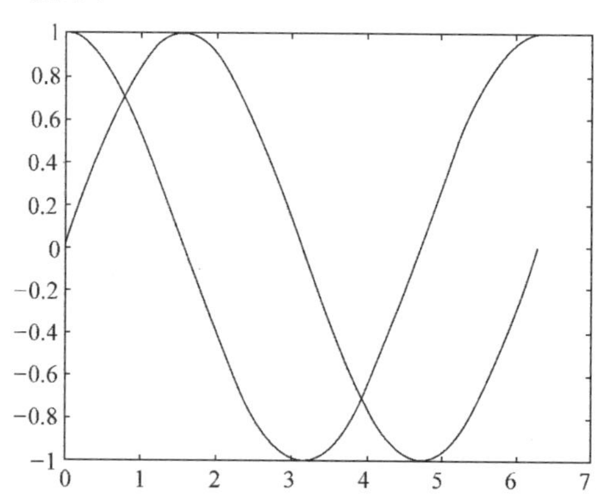

图 1-3-1　区间$[0,2\pi]$上的正弦曲线和余弦曲线

采用函数 plot 绘图时，若 plot(x,y)中的参数 x,y 是同维矩阵，则分别以 x,y 对应列元素为横、纵坐标绘制曲线，曲线条数等于矩阵的列数；若 x 是向量，y 是行或列与 x 同维的矩阵时，则绘制出多条不同色彩的曲线，曲线条数等于矩阵 y 的列数或行数，x 作为这些曲线共同的横坐标向量.

2．函数 plotyy

函数 plotyy 的功能是将函数值具有不同量纲、数量级的两个函数图形绘制在同一直角坐标平面中.

函数 plotyy 的调用格式如下：

```
plotyy(x1,y1,x2,y2)
```

它表示分别以 x1,y1 对应列元素为横、纵坐标绘制一条曲线，再分别以 x2,y2 对应列元素为横、纵坐标绘制另一条曲线；绘图结果的横坐标标度相同，纵坐标有两个标度，左纵坐标标度用于 x1,y1 数据对，右纵坐标标度用于 x2,y2 数据对.

例 2 用不同标度在同一直角坐标平面内绘制曲线 $y_1=e^x-\frac{1}{2}\sin 2\pi x$ 及曲线 $y_2=30e^x-\frac{1}{10}\sin x$.

解 在命令行窗口输入：

```
>>x = 0:0.01:pi;
>>y1 = exp(x) - 0.5 * sin(2 * pi * x);
>>y2 = 30 * exp(x) - 0.1 * sin(x);
>> plotyy(x,y1,x,y2)
```

运行结果如图 1-3-2 所示.

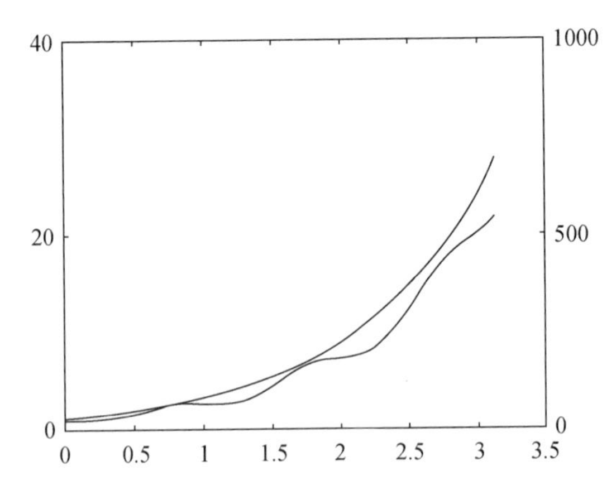

图 1-3-2　曲线 $y_1=e^x-\frac{1}{2}\sin 2\pi x$ 及曲线 $y_2=30e^x-\frac{1}{10}\sin x$

3. 函数 fplot

在已知需作图函数 $f(x)$ 的表达式的情况下，函数 fplot 可自适应地进行采样来绘制函数 $f(x)$ 的图形，从而能更好地反映函数 $f(x)$ 的变化规律.

函数 fplot 的调用格式如下：

```
fplot(fname,lims,tol)
```

其中 fname 为函数名，以字符串形式出现；lims 为变量的取值范围；tol 为允许的相对误差，其系统默认值为 2e—3. 函数 fplot 可同时绘制多个函数的图形，参见例 3.

例 3 用函数 fplot 在同一直角坐标平面内绘制区间 $[0,2\pi]$ 上的正弦曲线和余弦曲线.

解 在命令行窗口输入：

```
>>fplot('[sin(x),cos(x)]',[0 2*pi],1e-3,'*')
```

运行结果如图 1-3-3 所示.

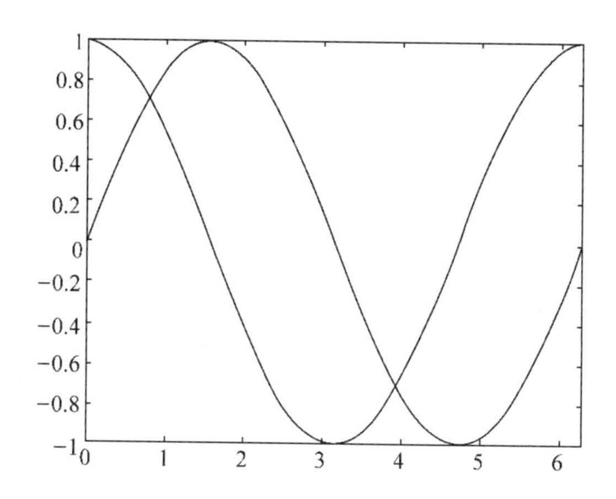

图 1-3-3 区间 $[0,2\pi]$ 上的正弦曲线和余弦曲线

4. 函数 polar

函数 polar 的功能是在极坐标下绘制图形.

函数 polar 的调用格式如下：

```
polar(theta,rho)
```

其中 theta 为极角，rho 为极径.

例 4 绘制函数 $\rho=\sin 2\theta\cos 2\theta$ 的极坐标图.

解 在命令行窗口输入：

```
>>theta=[0:0.01:2*pi];
>>rho=sin(2*theta).*cos(2*theta);
>>polar(theta,rho)
```

```
>>title('polar plot')
```

运行结果如图 1-3-4 所示.

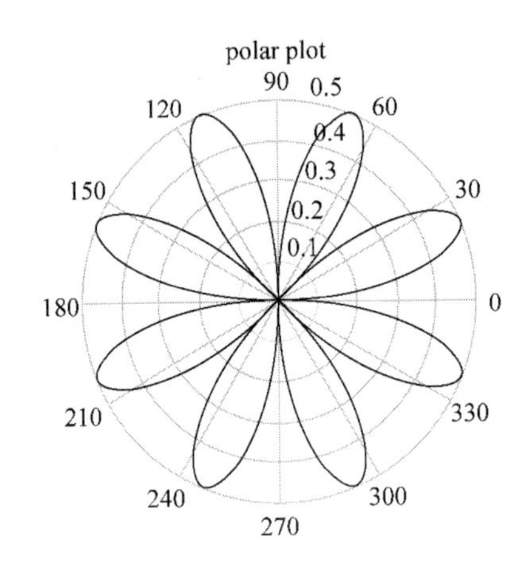

图 1-3-4　函数 $\rho=\sin2\theta\cos2\theta$ 的极坐标图

5. 其他绘图函数

利用 MATLAB 还可以绘制其他一些二维图形,如对数坐标图、条形图等,其所用的绘图函数如表 1-3-1 所示. 这些函数的用法和函数 plot 相似,下面举两个例子做说明.

表 1-3-1　一些二维图形的绘图函数

函数名	函数功能
loglog	用 log10-log10 标度绘图
semilogx	用半对数坐标绘图,其中 x 轴是 log10 标度
bar	绘制条形图
stairs	绘制阶梯图
fill	绘制填充图
hist	绘制频率直方图

例 5　绘制函数 $y=5+\ln t+t$ 的半对数坐标图.

解　在命令行窗口输入:

```
>>t = 0.001:0.002:20;
>>y = 5 + log(t) + t;
>>semilogx(t,y,'b')
```

运行结果如图 1-3-5 所示.

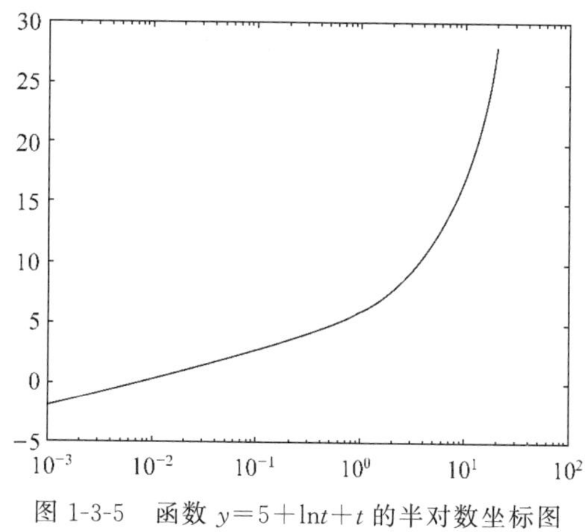

图 1-3-5 函数 $y=5+\ln t+t$ 的半对数坐标图

例 6 比较正态分布与均匀分布的分布图.

解 在命令行窗口输入：

```
>>y = randn(30000,1);
>>x = min(y):0.2:max(y);
>>subplot(1,2,1);
>>hist(y,x)
>>y = rand(30000,1);
>>x = min(y):0.2:max(y);
>>subplot(1,2,2);
>>hist(y,x)
```

运行结果如图 1-3-6 所示.

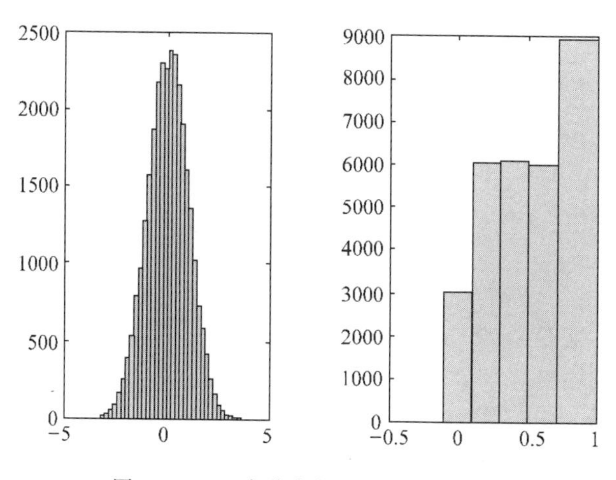

图 1-3-6 正态分布与均匀分布的比较

3.2 三维绘图

1. 函数 plot3

函数 plot3 的功能是绘制三维曲线图形.

函数 plot3 的调用格式如下:

```
plot3(x1,y1,z1,c1,x2,y2,z2,c2,…,xN,yN,zN,cN)
```

其中 x1,y1,z1,x2,y2,z2,…,xN,yN,zN 表示坐标向量,c1,c2,…,cN 表示线型或颜色.该函数以向量 x,y,z 为坐标绘制三维曲线,可同时绘制多条三维曲线.

例 7 绘制三维螺旋曲线.

解 在命令行窗口输入:

```
>>t = 0:pi/50:10 * pi;
>>y1 = sin(t),y2 = cos(t);
>>plot3(y1,y2,t)
>>title('helix'),text(0,0,0,'origin')
>>xlabel('sin(t)'),ylabel('cos(t)'),zlabel('t')
>>grid;
```

运行结果如图 1-3-7 所示.

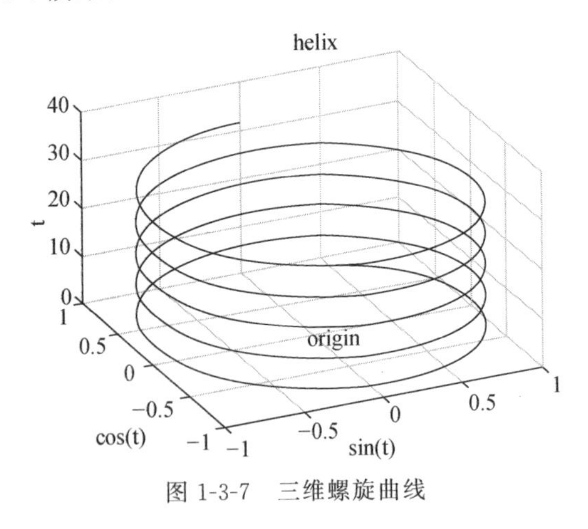

图 1-3-7 三维螺旋曲线

2. 函数 mesh

函数 mesh 的功能是绘制三维曲面网格图.

函数 mesh 的调用格式如下:

```
mesh(x,y,z,c)
```

其中 x,y 对应元素构成特定的网格矩阵,z 是需作图函数在各网格点上的值,c 用于控制网格点的颜色,可以省略.

例 8　绘制函数 $z=\sin x\cos y$ 的三维曲面网格图.

解　在命令行窗口输入:

```
>>x = - 2 * pi:0.1:2 * pi;   % 建立行向量
>>y = - 2 * pi:0.1:2 * pi;
>>[X Y] = meshgrid(x,y);   % 生成网格矩阵
>>Z = sin(X). * cos(Y);   % 计算函数值
>>mesh(X,Y,Z)   % 绘图
```

运行结果如图 1-3-8 所示.

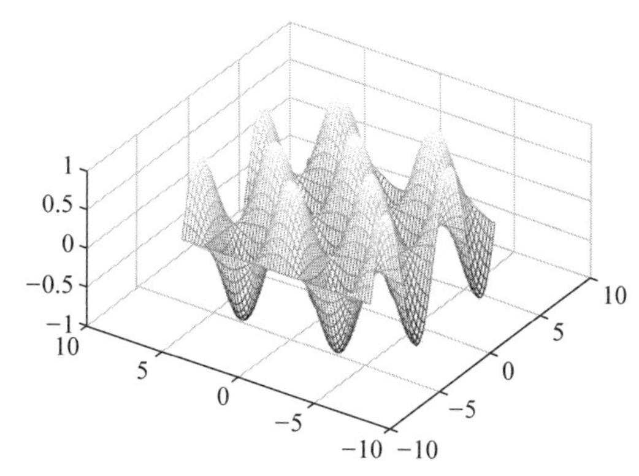

图 1-3-8　函数 $z=\sin x\cos y$ 的三维曲面网格图

3. 函数 surf

函数 surf 的功能是绘制三维曲面图形.

函数 surf 的调用格式如下:

```
surf(x,y,z)
```

其中 x,y 分别控制横坐标和纵坐标;矩阵 z 是由 x,y 求得的曲面上点的竖坐标. 函数 surf 的绘图过程和函数 mesh 的绘图过程相似,函数 mesh 绘制的是曲面网格图,而函数 surf 的绘图结果中网格面用系统默认的颜色填充.

例 9　绘制函数 $z=\sin x\cos y$ 的三维曲面图形.

解　在命令行窗口输入:

```
>>x = [0:0.15:2 * pi];
>>y = [0:0.15:2 * pi];
>>z = sin(x') * cos(y);   % 矩阵相乘
>>surf(x,y,z)
>>xlabel('x - axis'),ylabel('y - axis'),zlabel('z - label')
>>title('3 - D surf')
```

运行结果如图 1-3-9 所示.

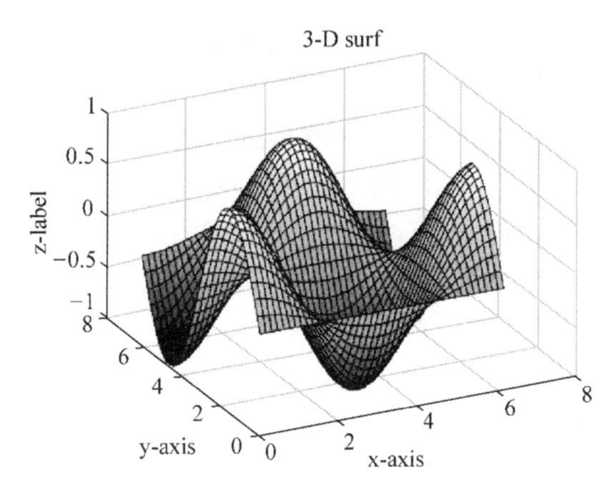

图 1-3-9　函数 $z=\sin x\cos y$ 的三维曲面图形

4. 函数 sphere

函数 sphere 的功能是生成单位球面的坐标向量,配合使用函数 surf 或 mesh 绘制单位球面.

函数 sphere 的调用格式如下:

```
[x,y,z] = sphere(n)
```

其中 n 表示生成 n×n 个网格面的单位球面坐标.

例 10　绘制单位球面.

解　在命令行窗口输入:

```
>>[a b c] = sphere(40);
>>surf(a,b,c)
>>axis equal;
```

运行结果如图 1-3-10 所示.

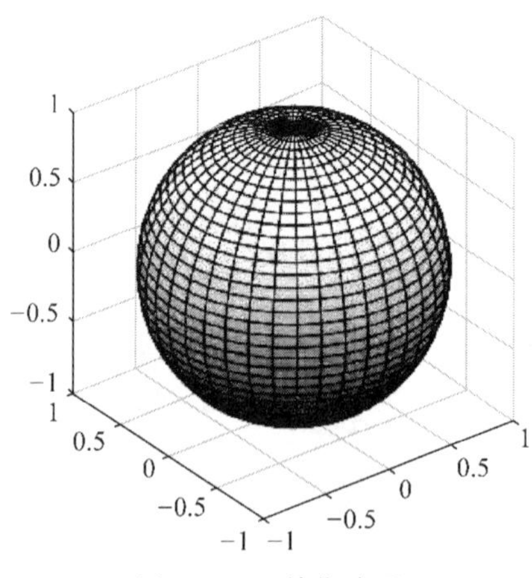

图 1-3-10　单位球面

3.3　绘制图形的辅助操作

在 MATLAB 中,绘制图形时可对图形的标题、坐标等进行辅助说明,具体所用的绘图辅助函数如表 1-3-2 所示.

表 1-3-2　绘图辅助函数

函数名	函数功能
figure	新建图形窗口
title('图形名')	显示图题标记
xlabel('x 轴说明');ylabel('y 轴说明')	显示坐标轴标记
text(x,y,'图形说明')	显示标记点
legend('图例 1','图例 2',…)	显示图例
axis([xmin xmax ymin ymax])	控制坐标范围
subplot(m,n,p)	分割图形窗口
hold on	保持原图形窗口和图形
hold off	取消保持图形窗口和图形
colormap	控制曲面图形的颜色

说明:

(1) subplot(m,n,p)可以将图形窗口分成 m×n 的网格,并在当前窗口的第 p 个网格位置(按行从左到右的次序)创建一个图对象.

(2) hold on 和 hold off 是配合使用的. hold on 启动图形保持功能,当前坐标轴和图形都将保持,从此绘制的图形都将添加在这个图形上,并自动调整坐标轴的范围. hold off 使当前坐标轴及图形不再具备被刷新的性质,新图出现时取消原图,即关闭图形保持功能.

练　习

1. 画出函数 $y=\mathrm{e}^{-0.5x}\sin 2\pi x$ 的图形,并分析此函数的特征.

2. 以画图的方式分析方程 $x^2-\frac{m}{2}x-0.1=0$ 的根的个数和 m 是否有关,它有几个根,试求 $m=9$ 时其根的个数和根所在的区间范围.

提示:画图的取值范围可以通过多次试探确定,分别取几个固定的 m,从大到小逐个画图,然后观察根的情况. 试画出相应函数的图形,观察方程根的个数是否受 m 的影响.

第四章 数值计算

MATLAB具有强大的数值计算功能，其运算主要是针对一些离散化的数值点进行的，所得到的是近似结果. 本章主要介绍矩阵运算、多项式运算、数据分析、数值积分和微分以及方程(组)的求解常用的数值计算函数和方法.

4.1 矩阵运算

在 MATLAB 中，除了常用的算术运算以外，矩阵还有通过特定函数来实现的运算，如表 1-4-1 所示.

表 1-4-1 矩阵运算的函数

函数名	函数功能
inv	求矩阵的逆矩阵
eig	求矩阵的特征值
det	求矩阵的行列式
diag	抽取主对角线元素
'	求矩阵的转置
rot90	将矩阵翻转 90°
fliplr	将矩阵左右翻转
flipud	将矩阵上下翻转
tril	抽取主下三角形矩阵
triu	抽取主上三角形矩阵

例 1 建立三阶幻方矩阵，并对该矩阵求逆矩阵、行列式，抽取对角线元素，计算特征值.

解 在命令行窗口输入：

```
>> a = magic(3)
```

运行结果：

```
a =
    8    1    6
    3    5    7
    4    9    2
```

在命令行窗口输入：

```
>> inv(a)
```

运行结果：

```
ans =
     0.1472   -0.1444    0.0639
    -0.0611    0.0222    0.1056
    -0.0194    0.1889   -0.1028
```

在命令行窗口输入：

```
>> det(a)
```

运行结果：

```
ans =
    -360
```

在命令行窗口输入：

```
>> diag(a)
```

运行结果：

```
ans =
     8
     5
     2
```

在命令行窗口输入：

```
>> eig(a)
```

运行结果：

```
ans =
    15.0000
     4.8990
    -4.8990
```

4.2　多项式运算

MATLAB 中将多项式用其系数组成的向量来表示，从左到右依次表示多项式从高次项到低次项的系数. 例如，$4x^4+5x^2+6x+5$ 可以表示为[4 0 5 6 5].

1. 多项式的加法和减法运算

在 MATLAB 中，多项式的加法和减法运算就是其系数向量的加法和减法运算，其中需要注意保证向量同维才可以进行运算.

例 2　求多项式 $F(x)=x^3+5x^2+3x$ 与 $G(x)=2x^2+1$ 的和 $P(x)$.

解　在命令行窗口输入：

```
>> F=[1 5 3 0];
>>G=[0 2 0 1];
>>P=F+G
```

运行结果：

```
P=
   1  7  3  1
```

所以，$P(x)=x^3+7x^2+3x+1$.

2. 多项式的乘法和除法运算

求多项式的乘积可用函数 conv 来实现.

函数 conv 的调用格式如下：

```
conv(P1,P2)
```

它用于求多项式 P1 和 P2 的乘积.

可用函数 deconv 求多项式的商.

函数 deconv 的调用格式如下：

```
[Q,r]=deconv(P1,P2)
```

它用于对多项式 P1 和 P2 做除法运算，其中 Q 返回 P1 除以 P2 的商式，r 返回 P1 除以 P2 的余式，这里 Q 和 r 仍是多项式系数向量的形式.

显然，函数 deconv 是函数 conv 的逆函数，即有 P1=conv(P2,Q)+r.

例 3 求多项式 $F(x)=x^2+5x$ 与 $G(x)=2x+1$ 的乘积 $P(x)$和商 $D(x)$.

解 在命令行窗口输入：

```
>>F=[1 5 0];
>>G=[0 2 1];
>>P=conv(F,G);
>>[D,r]=deconv(F,G);
>>P,D
```

运行结果：

```
P=
   2  11  5  0
D=
   0.5000  2.2500
```

可见，$P(x)=2x^3+11x^2+5x$，$D(x)=0.5x+2.25$.

3. 多项式的求根

求多项式根的函数是 roots.

函数 roots 的调用格式如下：

```
t=roots(P)
```

其中参数 P 是某一多项式的系数向量，t 返回该多项式的所有根. 利用函数 roots 可求得一个多项式的全部根(含重根和复根).

例 4　求多项式 $4x^3+5x^2+6x+5$ 的根.

解　在命令行窗口输入：

```
>> P=[4 5 6 5]
>> t=roots(P)
```

运行结果：

```
t =
  -1.0000
  -0.1250 + 1.1110i
  -0.1250 - 1.1110i
```

4. 多项式的求值

求多项式在某个点或某些点的值的函数是 polyval.

函数 polyval 的调用格式如下：

```
t=polyval(P,x)
```

它表示求多项式 P 在 x 处的值，若 x 为单个数据，则 t 返回该多项式在点 x 的值；若 x 为向量或矩阵，则 t 返回对向量或矩阵中每个元素求该多项式的值所得到的向量或矩阵.

例 5　求多项式 $4x^3+5x^2+6x+5$ 在点 $x=3$ 的值.

解　在命令行窗口输入：

```
>> P=[4 5 6 5];
>> t=polyval(P,3)
```

运行结果：

```
t =
  176
```

5. 多项式的求导

求多项式导数的函数是 polyder.

函数 polyder 的调用格式如下：

```
D=polyder(P)
```

其中参数 P 是某一多项式的系数向量，D 返回此多项式的导数(多项式)的系数向量.

例 6　求多项式 $4x^3+5x+6$ 的导数.

解　在命令行窗口输入：

```
>> P=[4 0 5 6];
>> D=polyder(P)
```

运行结果：

```
D =
```

```
    12    0    5
```

这表示该多项式的导数为 $12x^2+5$.

6. 多项式的数学表达形式转换

我们经常希望将向量形式的多项式表示成常见的多项式形式，如将系数向量[4 0 5 6]显示为 4x^3+5x+6 的形式，这时可以用函数 poly2str(P,'x')来实现这一转化，其中 P 代表多项式的系数向量，x 表示未知数.

例 7 将例 6 中的运算结果表示为常见的多项式形式.

解 继例 6 的程序代码之后，在命令行窗口输入：

```
>>Dx = poly2str(D,'x')
```

运行结果：

```
Dx =
    12x^2 + 5
```

4.3 数据分析

1. 常用的数据分析函数

MATLAB 提供了大量的数据分析函数，表 1-4-2 中列举了部分常用的数据分析函数.

表 1-4-2 常用的数据分析函数

函数名	函数功能
max	查找最大值
min	查找最小值
median	计算中值
mean	计算平均值
sum	计算和
prod	计算积
cumsum	计算累计和
cumprod	计算累计积
std	计算标准方差
range	计算样本的极差(最大值－最小值)
moment	计算样本的各阶中心矩
all	检测矩阵中是否全为非零元素
any	检测矩阵中是否有非零元素

函数 median 取得的中值，是指在数据序列中大小恰好在中间的那个数据. 例如，数

据序列 9,−2,5,7,12 的中值为 7.如果数据序列为偶数个时,则中值等于中间两个数据的平均值.

下面以函数 max 为例来说明数据分析函数的调用格式,其余函数相似.

函数 max 有如下两种调用格式:

```
[Y,I] = max(X)
```

它将矩阵 X 各列的最大元素赋予行向量 Y,并将各列的最大元素所在的行位置赋予行向量 I.当 X 为向量时,Y 与 I 为单变量.

```
[Y,I] = max(X,[],DIM)
```

其中若 DIM=1,则功能同[Y,I]=max(X);若 DIM=2,则返回值 Y 和 I 均为列向量,Y 的元素为矩阵 X 各行的最大元素,I 的元素为矩阵 X 各行的最大元素所在的列位置.

例 8 读取指定路径下 Excel 文件中的学生成绩数据,并计算学生的平均成绩.

解 在命令行窗口输入:

```
>>score = xlsread('C:\Users\Administrator\Desktop\学生成绩数据\ch4\
        1.xls','G2:G52');
>>score = score(score>0);    % 只读取不为 0 的成绩数据,去掉缺考成绩
>>score_mean = mean(score)   % 调用函数 mean 计算平均成绩
```

运行结果:

```
score_mean =

    79
```

2. 曲线拟合

MATLAB 中提供了使用最小二乘法进行曲线拟合的函数 polyfit.

函数 polyfit 的调用格式如下:

```
P = polyfit(X,Y,m)
```

它根据采样点 X 和采样点函数值 Y 产生一个用最小二乘法拟合的 m 次多项式 P,其中 X,Y 是两个维数相同的向量,P 是一个 m+1 维向量.

例 9 对给定的一组数据(0,−0.447),(0.1,1.978),(0.2,3.11),(0.3,5.25),(0.4,5.02),(0.5,4.66),(0.6,4.01),(0.7,4.58),(0.8,3.45),(0.9,5.35),(1,9.22)进行最小二乘法拟合,并给出拟合曲线.

解 在命令行窗口输入:

```
>> X = 0:0.1:1;
>> Y = [-0.447 1.978 3.11 5.25 5.02 4.66 4.01 4.58 3.45 5.35 9.22];
>> P = polyfit(X,Y,3)
>> x = 0:0.01:1;
>> y = polyval(P,x);
>> plot(x,y,'-b',X,Y,'ro')
```

运行结果：

```
P =
   56.6915   -87.1174   40.0070   -0.9043
```

以及如图 1-4-1 所示.

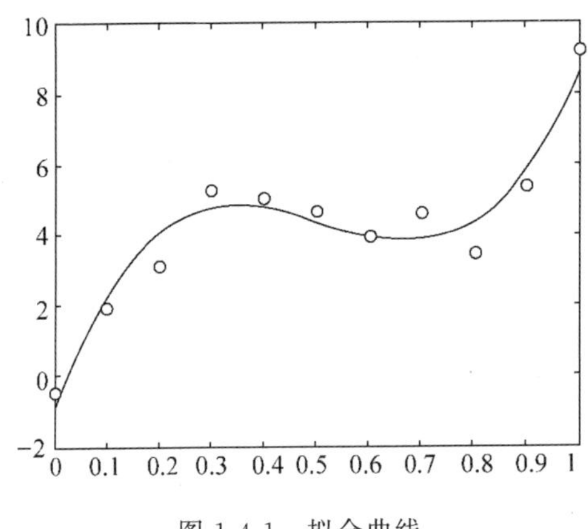

图 1-4-1　拟合曲线

4.4　数值积分和微分

积分就是对微小量的累加过程，是加法的扩展，而微分则是和积分相反的一种运算和过程.

1. 数值积分

在 MATLAB 中，被积函数为连续函数时进行数值积分的函数是 quad，被积函数由离散值定义时进行数值积分的函数是 trapz.

函数 quad 调用格式如下：

```
quad(f,a,b,tol,trace)
```

它采用辛普森(Simpson)法计算被积函数在[a,b]上的定积分，其中 f 是被积函数的表达式字符串或者文件名；a，b 分别是积分上限和下限；tol 是计算精度，其缺省值是 0.001；trace 用于设置是否用图形展示积分过程，1 为展示，0 为不展示.

函数 trapz 的调用格式如下：

```
trapz(x,y)
```

它采用梯形法计算被积函数由离散值定义的定积分，其中向量 x，y 定义被积函数 y=f(x).

例 10　求定积分 $\int_0^{3\pi} e^{-0.5x}\sin\left(x+\frac{\pi}{6}\right)dx$.

解　首先，由被积函数建立函数文件 fe.m：

```
function f = fe(x)
```

```
f = exp(-0.5*x).*sin(x+pi/6);
end
```

然后,在命令行窗口调用数值积分函数 quad 求定积分:

```
>>S = quad('fe',0,3*pi)
```

运行结果:

```
S =
  0.9008
```

例 11 求定积分 $\int_1^{2.5} e^{-x}dx$.

解 在命令行窗口输入:

```
>>x = 1:0.01:2.5;
>>y = exp(-x);    %用离散的数据表示区间[1,2.5]上的e^-x,生成函数关系数据向量
>>trapz(x,y)
```

运行结果:

```
ans =
    0.28579682416393
```

2. 数值微分

求数值微分实质上就是求向前差分.在 MATLAB 中,用于计算向前差分的函数为 diff.函数 diff 有如下两种调用格式:

```
DX = diff(X)
```

它用于计算向量 X 的向前差分;

```
DX = diff(X,n)
```

它用于计算向量 X 的 n 阶向前差分,diff(X,2)相当于 diff(diff(X)).

例 12 生成以向量[1,2,3,4,5,6]为基础的范德蒙德矩阵,并计算其向前差分.

解 在命令行窗口输入:

```
>>V = vander(1:6)
>>DV = diff(V)      %计算 V 的向前差分
```

运行结果:

```
V =
     1      1      1      1      1
    32     16      8      4      2
   243     81     27      9      3
  1024    256     64     16      4
  3125    625    125     25      5
```

```
    7776        1296         216          36          6
DV =
      31          15           7           3          1
     211          65          19           5          1
     781         175          37           7          1
    2101         369          61           9          1
    4651         671          91          11          1
```

4.5 方程(组)的数值求解

1. 线性方程(组)的数值求解

对于线性方程(组),有多种求解方法,最常用的是**左除法**和**求逆法**两种.下面用具体的例子来说明这两种方法.

例 13 求解线性方程组

$$\begin{cases} 3x_1+x_2-x_3=3.6, \\ x_1+2x_2+4x_3=2.1, \\ -x_1+4x_2+5x_3=-1.4. \end{cases}$$

解 我们用两种常用的方法来求解.

方法一 左除法.

在命令行窗口输入:

```
>> A=[3 1 -1;1 2 4;-1 4 5];
>> B=[3.6;2.1;-1.4];
>> X=A\B
```

运行结果:

```
X =
     1.4818
    -0.4606
     0.3848
```

方法二 求逆法.

在命令行窗口输入:

```
>> A=[3 1 -1;1 2 4;-1 4 5];
>> B=[3.6;2.1;-1.4];
>> X=inv(A)*B
```

运行结果:

```
X =
```

```
  1.4818
 -0.4606
  0.3848
```

2. 非线性方程(组)的数值求解

在 MATLAB 中,用函数 fsolve 来求解非线性方程(组).

函数 fsolve 的调用格式如下:

```
X = fsolve(F,x0)
```

其中 F 为所要求解的非线性方程(组),一般需要用一个 M 文件来表示非线性方程(组),x0 为取定的未知数的初值.

例 14 求解非线性方程组

$$\begin{cases} x_1^2 - 10x_1 + x_2^2 + 8 = 0, \\ x_1 x_2^2 + x_1 - 10x_2 + 8 = 0. \end{cases}$$

解 首先,建立 M 文件 nxxf.m,描述非线性方程组:

```
function eq = nxxf(x)
eq(1) = x(1) ^2 - 10 * x(1)  + x(2)^2 + 8;
eq(2) = x(1)  *  x(2) ^2 + x(1)  - 10 * x(2) + 8;
end
```

然后,在命令行窗口输入:

```
>>y = fsolve('nxxf',[1,1])
```

运行结果:

```
y =
    1     1
```

这里,取 x_1, x_2 的初值均为 1,求得解

$$x_1 = 1, \quad x_2 = 1.$$

3. 常微分方程(组)的数值求解

基于龙格-库塔(Runge-Kutta)法,MATLAB 提供了求常微分方程(组)数值解的函数,其中最常用的两个函数为 ode45 和 ode23,其调用格式如下:

```
[X,Y] = ode45(f,[x0,xn],y0)
[X,Y] = ode23(f,[x0,xn],y0)
```

其中 f 是常微分方程(组)名,一般用一个 M 文件来表示该方程(组);[x0,xn]代表自变量的求解区间;y0=y(x0)由初值条件给定;返回值 X,Y 是两个向量,X 对应自变量在求解区间[x0,xn]的一组采样点,其采样密度是自适应的,无须指定,Y 是与 X 对应的一组解.

函数 ode45 和 ode23 都是基于龙格-库塔法的算法.ode45 是四阶五阶算法(基于四

阶五阶龙格-库塔法的算法)，其精度较好，应用非常广泛；ode23 是二阶三阶算法，其精度较低，但在容许较大误差的情况下效率要好于 ode45.

例 15 求解常微分方程组的初值问题

$$\begin{cases}\dfrac{dx}{dt}=\dfrac{5}{\sqrt{(1+x)^2+(t-y)^2}}(1-x),\\ \dfrac{dy}{dt}=\dfrac{5}{\sqrt{(1-x)^2+(t-y)^2}}(1-y),\\ x(0)=0,y(0)=0,\end{cases}$$

并画出解在区间[0,2]上的图形.

解 首先，建立 M 文件 equ.m，描述常微分方程组：

```
function dy = equ(t,y)
dy = zeros(2,1);
dy(1) = 5 * (1 - y(1))/sqrt((1 + y(1))^2 + (t - y(2))^2);
dy(2) = 5 * (1 - y(2))/sqrt((1 - y(1))^2 + (t - y(2))^2);
```

然后，在命令行窗口调用函数 ode45 求解常微分方程组：

```
>>[t,y] = ode45(@equ,[0,2],[0,0]);
>>subplot(1,2,1);
>>plot(t,y(:,1));axis([0 2 0 1.2])
>>subplot(1,2,2);
>>plot(t,y(:,2));axis([0 2 0 1.2])
```

运行结果如图 1-4-2 和图 1-4-3 所示，其中数据结果省略.

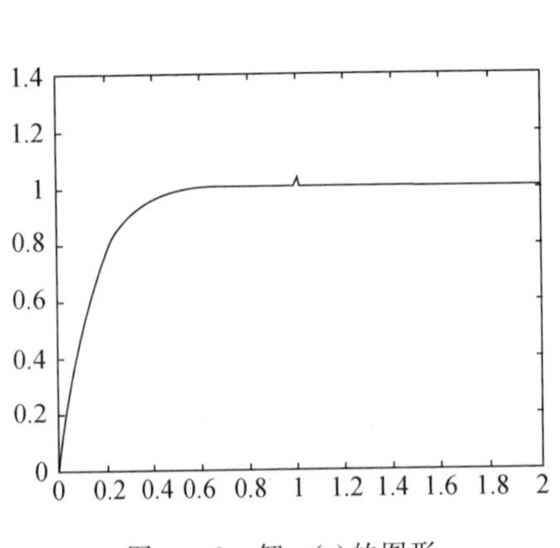

图 1-4-2 解 $x(t)$的图形

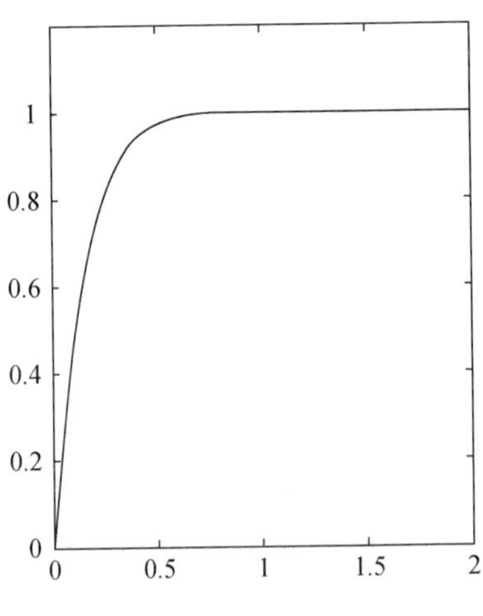

图 1-4-3 解 $y(t)$的图形

练　习

1. 建立矩阵 $\boldsymbol{A}=\begin{pmatrix}1 & 8 & 4\\ 9 & 6 & 2\\ 3 & 6 & 7\end{pmatrix}$，计算该矩阵元素的最大值、最小值和平均值.

2. 分别求方程 $x^2+5x=0$ 和 $2x+1=0$ 的根.

3. 求定积分 $\int_0^1 \mathrm{e}^{-x^2}\mathrm{d}x$.

第五章 符号运算

MATLAB的符号运算是由符号数学工具箱支持完成的.在符号运算过程中可以针对非数值的符号进行计算.符号运算以推理解析的方式进行,因此不受计算误差积累问题的影响.本章主要介绍符号变量的定义、符号表达式和符号矩阵的建立以及符号微分和积分的基本运算函数.

5.1 符号运算基础

MATLAB中参与符号运算的对象可以是符号变量、符号表达式和符号矩阵.

1. 符号变量的定义

MATLAB中符号变量要先定义,后引用.可用关键字 syms 同时定义多个符号变量,其格式如下:

```
syms arg1 arg2 … argN
```

其中 arg1,arg2,…,argN 为定义的 N 个符号变量.

例如,

```
syms x y z
```

它表示定义三个符号变量 x,y,z.

注意 用这种格式定义符号变量时不要在变量名上加字符分界符′,变量间要用空格而非逗号分隔.

2. 符号表达式的建立

在 MATLAB 中,**符号表达式**由符号变量、函数、算术运算符等组成,其书写格式与数值表达式相同.

在 MATLAB 中,可以用两种方法建立符号表达式.下面结合具体的例子给出这两种方法.例如,对于表达式 $3x^2+5y+2xy+6$,可以按如下方法建立符号表达式:

方法一:

```
>>V = sym('3 * x^2 + 5 * y + 2 * x * y + 6')    %建立符号表达式 V
```

方法二:

```
>>syms x y;    %定义符号变量 x,y
>>V = 3 * x^2 + 5 * y + 2 * x * y + 6    %建立符号表达式 V
```

3. 符号矩阵的建立

以符号表达式为元素的矩阵称为**符号矩阵**.

MATLAB中建立符号矩阵也有两种方法. 例如,对于矩阵$\begin{pmatrix} x+y & x^2+y^2 \\ e^x & \sin x+\cos x \end{pmatrix}$,可以用以下方法建立符号矩阵:

方法一:

```
>>U=('[x+y x^2+y^2;exp(x) sin(x)+cos(x)]')
```

方法二:

```
>>syms x y;
>>U=[x+y x^2+y^2;exp(x) sin(x)+cos(x)]
```

注意　符号运算对空格敏感,因此在建立符号表达式和符号矩阵时不要随意添加空格,以免引起运算错误.

5.2　符号表达式和符号矩阵的基本运算

在MATLAB中,符号表达式也可以实现因式分解、合并同类项、化简等运算,符号矩阵也可以同数值矩阵一样实现矩阵转置、求行列式等运算,做这些运算的常用函数如表1-5-1所示.

表1-5-1　对符号表达式和符号矩阵做运算的常用函数

类型	函数	功能
符号表达式的运算	factor(f)	对符号表达式f进行分解因式
	expand(f)	对符号表达式f进行展开
	collect(f,v)	对符号表达式f按变量v合并同类项
	simple(f)	对符号表达式f进行综合化简
符号矩阵的运算	transpose(S)	返回符号矩阵S的转置矩阵
	determ(S)	返回符号矩阵S的行列式值

例1　对$\dfrac{2(x+1)}{x^2+2x-3}$进行因式分解.

解　在命令行窗口输入:

```
>>syms x;
>>f=2*(x+1)/(x^2+2*x-3);
>>fx=factor(f)
```

运行结果:

```
fx=
    2*(x+1)/(x+3)/(x-1)
```

所以,有

$$\frac{2(x+1)}{x^2+2x-3}=\frac{2(x+1)}{(x+3)(x-1)}.$$

例 2 展开 $\dfrac{\sin(x+y)}{\cos 2x}+e^{x-y}$.

解 在命令行窗口输入：

```
>>syms x y;
>>f = sin(x + y)/cos(2 * x) + exp(x - y);
>>fx = expand(f)
```

运行结果：

```
fx =
    1/(2 * cos(x)^2 - 1) * sin(x) * cos(y) + 1/(2 * cos(x)^2 - 1) * cos(x)
    * sin(y) + exp(x)/exp(y)
```

所以，有

$$\frac{\sin(x+y)}{\cos 2x}+e^{x-y}=\frac{\sin x\cos y+\cos x\sin y}{2\cos^2 x-1}+\frac{e^x}{e^y}.$$

例 3 化简 $x^2y+xy-x^2-2x$.

解 在命令行窗口输入：

```
>>syms x y;
>>f = x^2 * y + x * y - x^2 - 2 * x;
>>fx = collect(f)    % 默认以变量 x 合并同类项
```

运行结果：

```
fx =
    (y - 1) * x^2 + (y - 2) * x
```

继续在命令行窗口输入：

```
>>fy = collect(f,y)    % 规定以变量 y 合并同类项
```

运行结果：

```
fy =
    (x^2 + x) * y - x^2 - 2 * x
```

所以，有

$$x^2y+xy-x^2-2x=(y-1)x^2+(y-2)x,$$
$$x^2y+xy-x^2-2x=(x^2+x)y-x^2-2x.$$

例 4 化简 $\cos^2 x+\sqrt{x^2+2x+1}+\sin^2 x$.

解 在命令行窗口输入：

```
>>syms x;
>>f = cos(x)^2 + sqrt(x^2 + 2 * x + 1) + sin(x)^2;
>>fx = simple(y)
```

运行结果：

```
fx =
    ((x + 1)^2)^(1/2) + 1
```

显然,运行结果不是最简式,因此继续在命令行窗口输入:

```
>>fx = simple(fx)
```

运行结果:

```
fx =
    x + 2
```

所以,有

$$\cos^2 x + \sqrt{x^2 + 2x + 1} + \sin^2 x = x + 2$$

例 5 对矩阵

$$\boldsymbol{H} = \begin{pmatrix} \frac{1}{a+x} & 1 \\ 2 & \frac{1}{b+y} \end{pmatrix}$$

建立符号矩阵,并求该矩阵的转置矩阵.

解 在命令行窗口输入:

```
>>syms a b x y
>>H = [1/(a + x),1;2,1/(b + y)];
>>T = transpose(H)
```

运行结果:

```
T =
   [1/(a + x)   2]
   [1           1/(b + y)]
```

5.3 符号与数值间的转化

1. 数值矩阵化为符号矩阵

在 MATLAB 中,可将数值矩阵转化为符号矩阵.

例 6 将数值矩阵 $\boldsymbol{h} = \begin{pmatrix} \frac{2}{3} & \sqrt{3} & 4 \\ 3.2 & \pi & \frac{3}{4} \end{pmatrix}$ 转化为符号矩阵.

解 在命令行窗口输入:

```
>>h = [2/3,sqrt(3),4;3.2,pi,3/4];
```

```
>>H = sym(h)
```

运行结果：

```
H =
   [2/3,   3^(1/2),  4]
   [16/5,  pi,       3/4]
```

2. 符号表达式转化为数值

符号表达式转化为数值的方式有两种：一是借助函数 subs 得到符号表达式的数值结果，二是利用函数 vpa 得到符号表达式在有效数位时的数值结果.

1）函数 subs

函数 subs 是变量替换函数，其调用格式如下：

```
subs(f,old,new)
```

其中 f 是符号表达式，old 是被替换的符号变量，new 是新变量.

例 7 用符号表达式计算 x^2+y^2 在 $x=1,y=2$ 时的值.

解 在命令行窗口输入：

```
>>syms x y
>>fxy = x^2 + y^2;
>>fy = subs(fxy,x,1);
>>f = subs(fy,y,2)
```

运行结果：

```
f =
   5
```

2）函数 vpa

函数 vpa 是用来控制运算精度的，可用它求得符号表达式在有效数位时的数值结果，其调用格式如下：

```
vpa(g,d)
```

其中 g 是符号表达式，d 是有效数字位数.

例 8 假设经过解方程得到解

$$x=1.481\ 818\ 181\ 818\ 181\ 818\ 181\ 818\ 181\ 818\ 2,$$

将运算结果保留 5 位有效数字.

解 求得方程的上述解后，继续在命令行窗口输入：

```
>> x = vpa(x,5)
```

运行结果：

```
x =
   1.4818
```

5.4 求符号表达式的极限

函数 limit 用于求符号表达式的极限. MATLAB 的系统可以根据用户要求,计算变量从不同方向趋近于指定值时符号表达式的极限.

函数 limit 的调用格式如下:

```
limit(f,x,a)
```

它用于计算当变量 x 趋近于常数 a 时,符号表达式 f 的极限;

```
limit(f,x,a,'right')
```

它用于计算当变量 x 趋于常数 a 时,符号表达式 f 的右极限;

```
limit(f,x,a,'left')
```

它用于计算当变量 x 趋于常数 a 时,符号表达式 f 的左极限.

例 9 求极限$\lim\limits_{x\to\infty}\dfrac{1}{\sin x}$.

解 在命令行窗口输入:

```
>>syms x
>>fx = 1/sin(x);
>>limit(fx,x,inf)   % inf 表示无穷
```

运行结果:

```
ans =
     NaN
```

注意 运行结果 NaN 表示极限不存在.

5.5 符号微分

符号微分是指对符号表达式做微分运算,所用的函数是 diff. 该函数和用于数值微分的函数一样,但调用格式不同.

用于符号微分时,函数 diff 的调用格式如下:

```
diff(f,v,n)
```

其中 f 是需求导数的函数的符号表达式,v 是符号自变量,n 为求导数的阶数;v 的缺省值为系统默认变量,n 的缺省值是 1.

例 10 求函数 $\sin x$ 的一阶和二阶导数.

解 在命令行窗口输入:

```
>>syms x
>>fx = sin(x);
>>diff(fx,x,1)
```

运行结果:

```
ans =
      cos(x)
```

继续在命令行窗口输入：

```
>>diff(fx,x,2)
```

运行结果：

```
ans =
     - sin(x)
```

5.6 符号积分

符号积分是指对符号表达式做积分运算. MATLAB 中符号积分所用的函数是 int.

函数 int 的调用格式如下：

```
int(f,v,a,b)
```

其中 f 是被积函数的符号表达式，v 是为符号自变量，a，b 分别表示积分的下限和上限；a，b 可缺省，此时 int 实现不定积分运算.

例 11 求不定积分 $\int \sin x \mathrm{d}x$.

解 在命令行窗口输入：

```
>>syms x
>>fx = sin(x);
>>int(fx,x)
```

运行结果：

```
ans =
     - cos(x)
```

5.7 级数求和

级数求和运算是数学中常见的一种运算. MATLAB 中函数 symsum 可用于通项明确的级数求和运算.

函数 symsum 的调用格式如下：

```
symsum(s,n,n0,nn)
```

其中 s 是级数通项式的符号表达式，n0，nn 为 n 的变化范围，nn 为 inf 时表示求级数的和.

例 12 求级数 $1+\frac{1}{2^2}+\frac{1}{3^2}+\frac{1}{4^2}+\cdots$ 的和.

解 在命令行窗口输入：

```
>>syms n
```

```
>>symsum(1/n^2,n,1,inf)
```

运行结果：

```
ans =
     pi^2/6
```

5.8　方程(组)的符号求解

1. 代数方程(组)的符号求解

在 MATLAB 中，用于代数方程(组)符号求解的函数有 linsolve 和 solve.

函数 linsolve 的调用格式如下：

```
linsolve(A,b)
```

它用于求解线性方程(组)AX=b.

函数 solve 的调用格式如下：

```
solve('eqn1','eqn2',…,'eqnN','var1','var2',…,'varN')
```

它用于求解一般方程(组)，其中 eqn1,eqn2,…,eqnN 分别是要求解的第 1,2,…,N 个方程，var1,var2,…,varN 分别是方程(组)的第 1,2,…,N 个变量.

例 13　求解线性方程组

$$\begin{cases} 3x_1+x_2-x_3=3.6, \\ x_1+2x_2+4x_3=2.1, \\ -x_1+4x_2+5x_3=-1.4. \end{cases}$$

解　*方法一*　用函数 linsolve 求解.

在命令行窗口输入：

```
>> A = [3 1 -1;1 2 4; -1 4 5];b = [3.6;2.1; -1.4];
>> x = linsolve(A,b)
```

运行结果：

```
x =
    1.4818
   -0.4606
    0.3848
```

方法二　用函数 solve 求解.

在命令行窗口输入：

```
>> [x1 x2 x3] = solve('3 * x1 + x2 - x3 = 3.6','x1 + 2 * x2 + 4 * x3 = 2.1',
                      '- x1 + 4 * x2 + 5 * x3 = -1.4')
```

运行结果：

```
x1 =
    1.4818181818181818181818181818182
x2 =
    -0.46060606060606060606060606060606
x3 =
    0.38484848484848484848484848484848
```

2. 常微分方程(组)的符号求解

符号求解常微分方程(组)一般用函数 dsolve,该函数可求出常微分方程(组)的通解或在某些初值条件下的特解.

求解常微分方程时,函数 dsolve 的调用格式如下:

```
dsolve('eqn','condition','var')
```

其中 eqn 是被求解的常微分方程;condition 是初值条件,condition 缺省则求常微分方程的通解;var 是描述常微分方程的自变量符号.函数 dsolve 用于求解常微分方程组时调用格式类似,只需在上述调用格式中多添加常微分方程、初值条件和自变量符号即可.

注意 在表达常微分方程时,y 的 n 阶导数表示为 Dny,如 D2y 表示 y 的二阶导数.

例 14 求常微分方程 $y''=ay+bx$(a,b 为常数)的通解.

解 在命令行窗口输入:

```
>>s = dsolve('D2y = a * y + b * x','x');
```

运行结果:

```
s =
   C1 * exp(a^(1/2) * x) + C2 * exp( - a^(1/2) * x) - (b * x)/a
```

所以,所求的通解为

$$y=C_1\mathrm{e}^{a^{1/2}x}+C_2\mathrm{e}^{-a^{1/2}x}-\frac{b}{a}x \quad (C_1,C_2 \text{ 为任意常数}).$$

例 15 求常微分方程初值问题 $y'=y-\frac{2t}{y}$,$y(0)=1$ 的解.

解 在命令行窗口输入:

```
>>s = dsolve('Dy = y - 2 * t/y','y(0)  = 1');
```

运行结果:

```
s =
   (2 * t + 1)^(1/2)
```

所以,所求的解为

$$y=(2t+1)^{\frac{1}{2}}.$$

例 16 求 $xy''-3y'=x^2$,$y(1)=0$,$y(5)=0$ 的解.

解 在命令行窗口输入:

```
>>s = dsolve('x * D2y - 3 * Dy = x^2','y(1) = 0','y(5) = 0','x');
```

运行结果：

```
s =
   (31 * x^4)/468 - x^3/3 + 125/468
```

所以,所求的解为

$$y=\frac{31x^4}{468}-\frac{x^3}{3}+\frac{125}{468}.$$

练　习

1. 计算函数 $y = x\cos x$ 的导数,并在同一坐标平面中画出该函数及其导数的图形.
2. 计算定积分 $\int_0^1 e^{-x^2}\,dx$.
3. 计算 $\sin^2 x + \sqrt{x^2+y^2} + e^{(x-y)} + \ln x$ 在 $x = 5, y = 3$ 时的值.
4. 求极限 $\lim\limits_{x\to+\infty}\left(1+\frac{a}{x}\right)^x$ (a 为常数).

第六章　程序设计

MATLAB 提供了完善的程序设计语言环境，使用户能够方便地编写复杂的程序，完成各种计算过程. 本章主要介绍 M 文件的结构和 MATLAB 程序的控制流语句.

6.1　M 文件

MATLAB 的工作方式包括两种：一种是交互式的命令行工作方式，另一种是 M 文件的程序工作方式. 前面几章我们直接在命令提示符“>>”后输入命令，然后按“Enter”键确认执行的方式就是命令行工作方式.

用 MATLAB 语言编写的程序，称为 M 文件. M 文件是以“.m”为后缀的文本文件. M 文件分为两类：命令文件和函数文件. 命令文件没有输入参数，也不返回输出参数；而函数文件有固定的函数框架，可以输入参数，也可以返回输出参数.

6.2　数据的输入和输出

MATLAB 中最简单的输入和输出函数分别是 input 和 disp.

1. 函数 input

函数 input 的功能是向计算机输入一个参数.

函数 input 的调用格式如下：

```
A = input(提示信息,选项)
```

其中提示信息为一个字符串，用于提示用户输入数据的格式或范围等；如果在函数 input 调用时采用's'选项，则允许用户输入一个字符串；用户输入的数据存入变量 A 中.

2. 函数 disp

函数 disp 的功能是在命令行窗口输出信息.

函数 disp 的调用格式如下：

```
disp(输出项)
```

其中输出项既可以为字符串，也可以为矩阵.

用函数 disp 输出矩阵时不显示矩阵的名称，而且格式更紧密，不留任何没有意义的空行.

例 1　编写 M 文件以从键盘输入一个可逆矩阵，求该矩阵的逆矩阵并输出.

解　在 M 文件编辑窗口输入：

```
A = input('请输入一个 2 * 2 矩阵,格式: [a b;c d]');
```

```
inva = int(A);
disp(['原矩阵为：',mat2str(A);'逆矩阵为：',mat2str(inva)]);
```

保存为 mat. m 文件，然后在命令行窗口输入：

```
>>mat
```

运行结果：

```
请输入一个 2 * 2 矩阵，格式：[a b;c d]
```

这时光标闪烁，等待用户输入. 若继续在命令行窗口输入：

```
[1 2;0 3]
```

运行结果：

```
原矩阵为：[1 2;0 3]
逆矩阵为：[1 8;0 1]
```

6.3 MATLAB 程序的结构

MATLAB 程序的结构一般分为顺序结构、选择结构和循环结构三种，其中顺序结构是指程序按顺序逐条执行，选择结构和循环结构都有其特定的语句. 下面主要介绍选择结构和循环结构.

1. 选择结构

在 MATLAB 中，表示选择结构的语句有 if 语句和 switch 语句两种.

1）if 语句

if 语句的格式如下：

```
if 表达式
    语句组 1
  else
    语句组 2
end
```

其中表达式一般为逻辑运算表达式. 执行 if 语句时，先判断表达式是否为真，若为真，则执行语句组 1；否则，执行语句组 2. 该语句中的 else 和语句组 2 可缺省，当缺省时表示，若表达式为真，则执行语句组 1；否则，结束 if 语句.

2）switch 语句

switch 语句的格式如下：

```
switch 表达式
case 常量表达式 1  语句组 1
case 常量表达式 2  语句组 2
……
case 常量表达式 m  语句组 m
```

```
otherwise 语句组 m+1
end
```

其中 switch 后面的表达式可以是任何类型的.执行 switch 语句时,先计算 switch 后面表达式的值,然后用该表达式的值顺次与 case 后面的常量表达式进行匹配,若与常量表达式的值相等,则执行这个 case 后面的语句组;若与所有常量表达式的值都不相等,则执行 otherwise 后面的语句组.

例 2 编写程序,从键盘输入一个 x 的取值来计算分段函数 $y=\begin{cases} x^2+1, & x<0, \\ \sqrt{x}+1, & x\geqslant 0 \end{cases}$ 的值.

解 在 M 文件编辑窗口输入:

```
x = input('x = ');
if (x<0) y = x^2 + 1;
  else y = sqrt(x) + 1;
end
disp(y);
```

保存为 li2.m 文件.在命令行窗口输入 li2,运行程序.

运行结果:

```
x = -2
5
```

例 3 编写程序,从键盘输入一个数,判断该数是否能被 5 整除.

解 在 M 文件编辑窗口输入:

```
x = input('输入 x = ');
switch mod(x,5)          % mod 是求余函数
case 0 disp('T')         % 是 5 的倍数则显示 T
otherwise disp('F')      % 不是 5 的倍数则显示 F
end
```

保存为 li3.m 文件.在命令行窗口输入 li3,运行程序.

运行结果:

```
输入 x = 12
F
```

2. 循环结构

在 MATLAB 中,表示循环结构的语句也有两种:for 语句和 while 语句.

1) for 语句

for 语句的格式如下:

```
for 循环变量 = 表达式 1:表达式 2:表达式 3
    循环体语句
end
```

其中循环变量的初值是表达式 1 的值,循环变量的终值是表达式 3 的值,循环过程中循环变量以表达式 2 的值为步长增加.当步长为 1 时,表达式 2 可以省略.

2) while 语句

while 语句的格式如下:

```
while (表达式)
   循环体语句
end
```

执行 while 语句时,首先计算表达式的值,并判断表达式的值是否为真,若为真,则执行循环体语句一次,再次计算表达式的值,并判断真假,如此重复,若为假,则结束 while 语句.

例 4 编写程序计算 $1+2+3+\cdots+100$.

解 *方法一* 用 for 语句程序.

在 M 文件编辑窗口输入:

```
s = 0;
for i = 1:100
s = s + i;
end
disp(s);
```

保存为 li4_1.m 文件.在命令行窗口输入 li4_1,运行程序.

运行结果:

```
5050
```

方法二 用 while 语句程序.

在 M 文件编辑窗口输入:

```
s = 0; i = 1;
while (i< = 100)
  s = s + i;
  i = i + 1;
end
disp(s);
```

保存为 li4_2.m 文件.在命令行窗口输入 li4_2,运行程序.

运行结果:

```
5050
```

6.4 程序的流程控制

MATLAB 提供了多个流程控制语句,其功能如表 1-6-1 所示.

表 1-6-1 流程控制语句

语句	功能
continue	常用于循环体中,用来终止一趟循环的执行
break	常用于循环体中,与 if 配合使用,用来终止最内层循环的执行
return	常用于函数中,使函数结束运行,并返回到调用该函数的位置
pause	常用于程序运行的停顿,按任意键或等待时间结束,则继续运行程序

6.5 函数文件

函数文件是专门用于定义函数的一种 M 文件. 每个函数文件独立定义一个函数,函数文件有特定的格式要求. MATLAB 提供的标准函数大部分都是由函数文件定义的.

1. 函数文件定义的格式

函数文件由 function 语句引导定义,其格式如下:

```
function [输出形参表] = 函数名(输入形参表)
    函数体
end
```

其中输入形参为函数的输入参数,输出形参为函数的输出参数,当输出形参多于 1 个时,应该用方括号括起来;函数体中一般会有 return 语句,执行到该语句就结束函数的执行,程序流程转至调用该函数的位置,若函数体中不使用 return 语句,这时在被调函数执行完最后一条语句后自动返回调用该函数的位置.

函数文件在保存时默认文件名与函数名相同(函数名的命名规则与变量名相同).

2. 函数的调用

函数需要被调用才能执行,调用的一般格式如下:

```
[输出实参表] = 函数名(输入实参表)
```

例 5 编写函数文件,求半径为 r 的圆的面积和周长,并调用该函数求半径为 3 cm 的圆的面积和周长.

解 在 M 文件编辑窗口输入:

```
function [c s] = yuan(r)
c = pi.*r.*r;
s = 2.*pi.*r;
end
```

保存为 yuan.m 文件.在命令行窗口调用该函数文件:

```
>>[c s] = yuan(3)
```

运行结果:

```
c =

  28.274334

s =

  18.849556
```

可见,半径为 3 cm 的圆的面积和周长分别约为 28.27 cm^2 和 18.85 cm.

练　　习

1. 编写 M 文件,求 20!.
2. 编写求 $\sum_{i=k}^{n} i \ (0 < k < n)$ 的函数文件,并调用该函数文件求 $\sum_{i=20}^{200} i$.

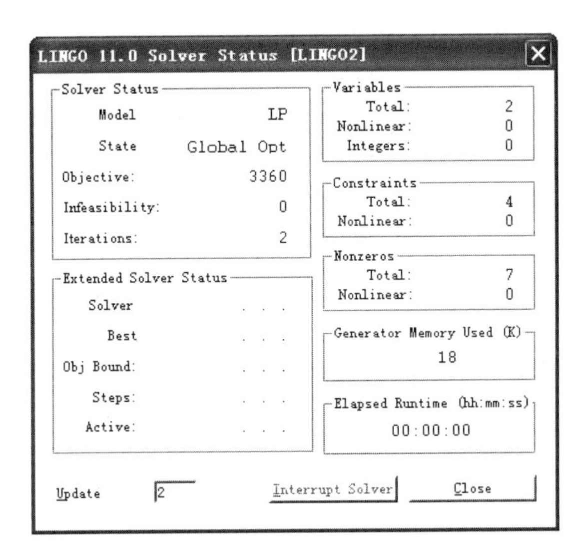

图 1-7-4 状态窗口的参数展示

表 1-7-1 参数的意义

功能区	参数	意义
Solver Status	Model	当前模型的类型
	State	当前解的状态
	Objective	解的目标函数值
	Infeasibility	当前约束不满足的总量
	Iterations	目前为止的迭代次数
Extenbed Solver Status	Slover	使用的特殊求解程序
	Best	目前为止找到的可行解的最佳目标函数值
	Obj Bound	目标函数值的界
	Steps	特殊求解程序当前的运行步数
	Active	有效步数
Variables	Total	变量总数
	Nonlinear	非线性变量个数
	Integers	整数变量个数
Constraints	Total	约束条件总数
	Nonlinear	非线性约束条件个数
Nonzeros	Total	非零系数总数
	Nonlinear	非线性项系数个数
Generator Memory Used(K)	—	内存使用量
Elapsed Runtime	—	求解花费的时间

7.3　最优化模型的求解

利用 LINGO 求解最优化模型的过程如图 1-7-5 所示，其中 OP 表示二次规划，IQP 表示整数二次规划，IP 表示整数规划，ILP 表示整数线性规划，INLP 表示整数非线性规划.

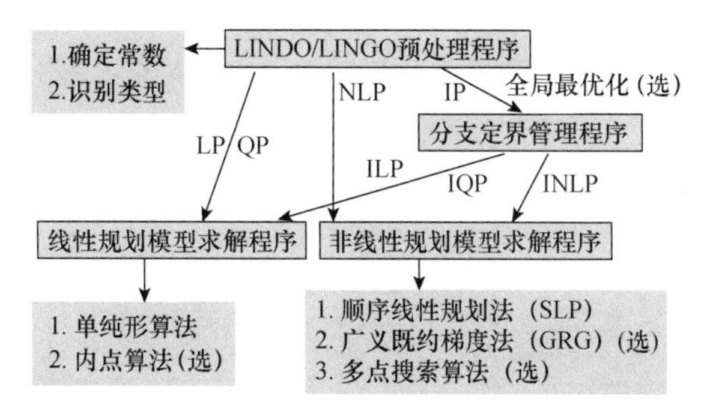

图 1-7-5　利用 LINGO 求解最优化问题的过程

为了找到合适的最优解，建立最优化模型时需要注意的几个基本问题是：

(1) 尽量使用实数最优化，减少整数约束条件和整数变量的个数；

(2) 尽量使用光滑最优化，减少非光滑约束条件的个数；

(3) 尽量使用线性规划模型，减少非线性约束条件和非线性变量的个数；

(4) 合理设定变量上、下界，尽可能给出变量的初始值；

(5) 最优化模型中使用的参数数量级要适当.

第八章 LINGO 的基本使用方法

一段完整的 LINGO 程序包含四个段：集合段、数据段、初始段、目标与约束段，其中集合段是 LINGO 程序的一个特色. 本章主要针对 LINGO 程序的前三个段展开阐述，并嵌套 LINGO 的常用函数.

8.1 LINGO 程序的构成

LINGO 程序中集合段、数据段、初始段、目标与约束段的具体表现形式如图 1-8-1 所示.

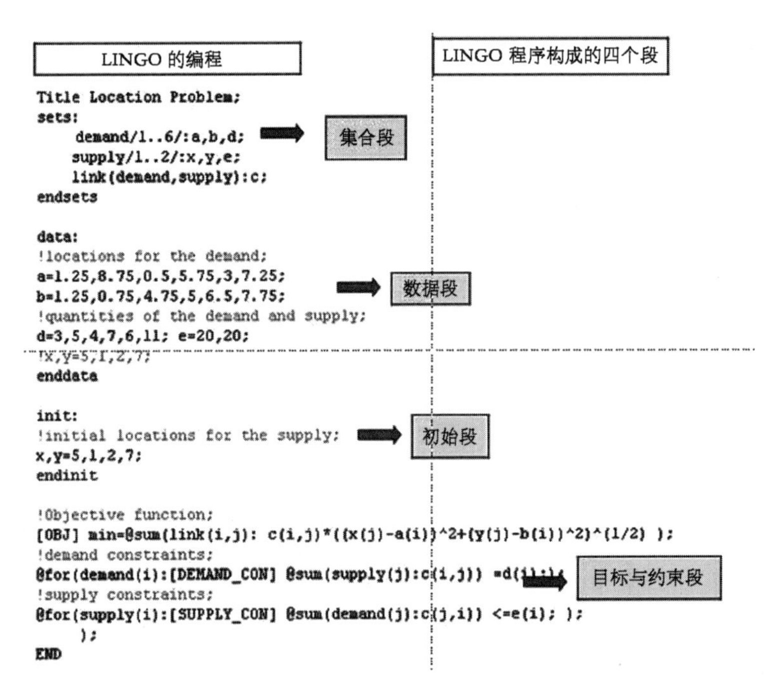

图 1-8-1 LINGO 程序的构成

8.2 集

对实际问题建模的时候，总会遇到一个群体内或多个群体间相联系的对象. LINGO 允许把这些相联系的对象聚合成集. 一旦把对象聚合成集，就可以利用集来最大限度地发挥 LINGO 建模语言的优势.

集是 LINGO 建模语言的基础，是程序设计最强有力的基本构件. 借助于集，能够用一个单一的、长的、简明的复合公式表示一系列相似的约束，从而可以快速方便地表达规模较大的模型.

集是一群相联系的对象，这些对象也称为集的成员. 每个成员可能有一个或多个与之关联的特征，我们把这些特征称为属性. 属性值可以预先给定，也可以是未知的，有待 LINGO 求解.

LINGO 中有两种类型的集：原始集和派生集.

一个原始集是由一些最基本的对象组成的. 例如，在六个发货点和八个收货点的最小运费问题中，设集 warehouse 由六个发货点组成，集 vendors 由八个收货点组成，它们都是原始集. 一个派生集是用一个或多个其他集来定义的，也就是说，它的成员来自其他已存在的集. 这时称用来定义派生集的已存在的集为**父集**. 例如，由六个发货点和八个收货点之间的联系而形成的集 links 就是派生集，这时集 warehouse 和 vendors 为父集，需要注意的是，派生集也可以由其他派生集生成.

1. 集合段

集合段以关键字“sets:”开始，以关键字“endsets”结束. 集合段是可选部分，一个程序可以没有集，或有一个集，或有多个集. 一个集及其属性在程序约束中引用之前必须被事先定义.

2. 原始集

1）定义原始集

定义原始集的格式如下：

集名[/集的成员/][:集成员的属性]；

注意 用“[]”表示这部分内容可选.

如果集的成员放在集定义中，那么对它们可采取显式罗列和隐式罗列两种方式. 如果集的成员不放在集定义中，那么可以在随后的数据段定义它们.

2）成员罗列

(1) 当显式罗列成员时，必须为每个成员输入一个不同的名字，中间用空格或逗号隔开，允许混合使用.

例如：

```
sets:
  students/John, Jill, Rose, Mike/: sex, age;
endsets
```

这定义了一个名为 students 的原始集，它具有成员 John，Jill，Rose 和 Mike，属性有 sex 和 age.

(2) 当隐式罗列成员时，不必罗列出每个成员，如表 1-8-1 所示.

隐式罗列成员定义原始集的格式如下：

集名/集的成员 1..集的成员 N/[:集成员的属性];

表 1-8-1　集成员的隐式罗列举例

集成员的隐式罗列格式	实例	所产生的集成员
1..n	1..5	1,2,3,4,5
StringM..StringN	Car2..Car14	Car2,Car3,Car4,…,Car14
DayM..DayN	Mon..Fri	Mon,Tue,Wed,Thu,Fri
MonthM..MonthN	Oct..Jan	Oct,Nov,Dec,Jan
MonthYearM..MonthYearN	Oct2001..Jan2002	Oct2001,Nov2001,Dec2001,Jan2002

(3) 成员不放在集定义中而由随后的数据部分定义.

例如:

```
sets:
  students:sex,age;
endsets
data:
  students,sex,age = John 1 16
                     Jill 0 14
                     Rose 0 17
                     Mike 1 13;
enddata
```

3. 派生集

1) 定义派生集

定义派生集的格式如下:

集名(父集名列表)[/集的成员/][:集成员的属性];

其中父集名列表是已定义的集的列表,多个时必须用逗号隔开. 如果没有指定成员,那么LINGO会自动创建父集成员的所有组合作为派生集的成员. 派生集的父集既可以是原始集,也可以是其他派生集. 成员列表被忽略时,派生集成员由父集成员的所有组合构成,这样的派生集称为**稠密集**. 如果限制派生集的成员,使它成为父集成员所有组合构成的集的一个子集,这样的派生集称为**稀疏集**.

例如:

```
sets:
  product/A B/;machine/M N/;week/1..2/;
  allowed(product,machine,week):x;
endsets
```

这时 LINGO 生成了以三个父集成员的所有组合作为成员的集 allowed，其成员共有八个，如表 1-8-2 所示.

表 1-8-2 派生集定义举例中的集成员

编号	成员	编号	成员
1	(A,M,1)	5	(B,M,1)
2	(A,M,2)	6	(B,M,2)
3	(A,N,1)	7	(B,N,1)
4	(A,N,2)	8	(B,N,2)

2）成员罗列

(1) 显式罗列.

例如：

```
allowed(product,machine,week)/A M 1,A N 2,B N 1/;
```

(2) 设置成员资格过滤器.

例如：

```
sets:
  students/John,Jill,Rose,Mike/:sex,age;
  linkmf(students,students)|sex(&1) #eq# 1 #and# sex(&2)
    #eq# 0: friend;
  linkmf2(linkmf) | friend(&1,&2) #ge# 0.5 : x;
endsets
data:
  sex,age = 1 16
            0 14
            0 17
            0 13;
  friend = 0.3 0.5 0.6;
enddata
```

这里用竖线|来标记一个成员资格过滤器的开始. #eq#是逻辑运算符，用来判断是否相等. &1 可看作派生集的第一个原始父集的索引，它取遍该原始父集的所有成员；&2 可看作派生集的第二个原始父集的索引，它取遍该原始父集的所有成员(若还有 &3，&4 等，可做相应的理解).

注意 如果派生集 B 的父集是另外的派生集 A，那么上面所说的原始父集是集 A 向前追溯到的最终的原始集，其顺序与生成集 A 时父集的顺序保持一致，并且派生集 A 的过滤器对派生集 B 仍然有效. 因此，派生集的索引个数是最终原始父集的个数，索引的取值是当前派生集的成员个数.

8.3 数据段和初始段

在处理程序的数据时,需要为集指派一些成员并且在求解模型之前为集的某些属性指定值.为此,LINGO为用户提供了两个可选部分:输入集成员、数据段;为决策变量设置初始值的初始段.

1. 数据段

数据段提供了程序的相对静止部分与数据分离的可能性.显然,这对程序的维护和维数的缩放非常便利.

数据段以关键字“data:”开始,以关键字“enddata”结束.

1) 数据声明

数据段中的数据声明就是指定集的成员和集成员的属性值.指定集成员属性值的格式有如下两种:

属性 = 数值列;

对象列 = 数值列;

其中对象列包含所要指定值的属性名,数值列包含所要分配给属性的值,各属性名和属性值用逗号或空格隔开.

注意 属性值的个数必须等于集成员的个数.

例如,在集set1中定义两个属性X和Y,其中X的三个值是1,2,3,而Y的三个值是4,5,6,这时数据声明可采用如下格式:

```
sets:
  set1/A,B,C/: X,Y;
endsets
data:
  X = 1,2,3;
  Y = 4,5,6;
enddata
```

上例也可采用以下复合数据声明格式:

```
sets:
  set1/A,B,C/: X,Y;
endsets
data:
  X,Y = 1 4
        2 5
        3 6;
```

```
enddata
```

对于上例的第二种数据声明格式，可能会认为 X 被指定了 1,4,2 三个值，因为它们是数值列中前三个，而正确的答案是 1,2,3. 假设对象列有 n 个对象，LINGO 在为对象指定值时，首先在 n 个对象的第 1 个索引处依次分配数值列中的前 n 个对象，然后在 n 个对象的第二个索引处依次分配数值列中紧接着的 n 个对象，以此类推.

程序的所有数据(集成员和属性值)被单独放在数据段，这可能是最规范的数据输入方式.

2) 赋值表达式

- 参数

在数据段也可以指定一些标量变量. 当一个标量变量在数据段确定时，称之为参数.

例如：

```
data:
  interest_rate = .085;
enddata
```

这时 LINGO 用 0.085 指定标量变量 interest_rate.

- 实时数据处理

在某些情况下，程序的一些数据不是定值，我们把这种情况下的数据处理称为实时数据处理.

例如：

```
data:
  interest_rate,inflation_rate = .085 ?;
enddata
```

其中 ? 表示 0.085 是实时数据.

- 指定属性为一个值

若在数据声明格式中等号的右边输入一个值，则所有成员的该属性被指定为相同的值.

例如：

```
sets:
  days /MO,TU,WE,TH,FR,SA,SU/:needs;
endsets
data:
  needs = 20;
enddata
```

这时 LINGO 用 20 指定集 days 的所有成员的属性 needs.

- 保留部分成员某个属性的值未知

有时我们只想为一个集的部分成员的某个属性指定值，而让其余成员的该属性保持未知，以便用 LINGO 求出它们的最优值. 这时可以在数据声明中不输入数值，而直接输入逗号，以此表示该位置对应的集成员属性值未知. 这样，经常会出现需相连输入两个逗号的情况，此时两个逗号间可以插入空格.

例如：

```
sets:
  years/1..5/: capacity;
endsets
data:
  capacity = ,34,20,,;
enddata
```

这时属性 capacity 的第二个和第三个值分别为 34 和 20，其余值未知.

2. 初始段

初始段中输入的数值仅被 LINGO 求解器当作初始值来用，并且仅仅对非线性规划模型有用. 初始段是 LINGO 提供的一个可选部分.

初始段以关键字“init:”开始，而以关键字“endinit”结束.

例如：

```
init:
  X,Y = 0,.1;
endinit
Y = @log(X);
X^2 + Y^2 <= 1;
```

8.4 LINGO 的基本运算符和函数

LINGO 的基本运算符包括算术运算符、逻辑运算符和关系运算符三种. LINGO 还提供了以下七类函数：数学函数、金融函数、概率函数、变量界定函数、集处理函数、集循环函数、输入和输出函数. 下面对这些运算符和函数进行详细说明.

1. 基本运算符

1）算术运算符

算术运算符是针对数值进行操作的. LINGO 提供了五种二元算术运算符：^(乘方)，*(乘法)，/(除法)，+(加法)，-(减法)；唯一的一元算术运算符-(取反).

2）逻辑运算符

逻辑运算符主要用于集循环函数的条件表达式中，控制哪些成员被包含，哪些成员被排斥. 在创建稀疏集时，逻辑运算符用在成员资格过滤器中. 表 1-8-3 给出了逻辑运算符的符号及运算结果为真的条件.

表 1-8-3 逻辑运算符及运算结果为真的条件

逻辑运算符	运算结果为真的条件	逻辑运算符	运算结果为真的条件
＃not＃	运算参数为假	＃eq＃	两个运算参数相等
＃ne＃	两个运算参数不相等	＃gt＃	左边的运算参数严格大于右边的运算参数
＃ge＃	左边的运算参数大于或等于右边的运算参数	＃lt＃	左边的运算参数严格小于右边的运算参数
＃le＃	左边的运算参数小于或等于右边的运算参数	＃and＃	两个运算参数都为真
＃or＃	两个运算参数至少有一个为真		

上述逻辑运算符的优先级如下：

高　＃not＃

↓　＃eq＃　＃ne＃　＃gt＃　＃ge＃　＃lt＃　＃le＃　（同级别）

低　＃and＃　＃or＃

逻辑运算符运算示例：2 ＃gt＃ 3 ＃and＃ 4 ＃gt＃ 2，其结果为假（0）.

3）关系运算符

LINGO 有三种关系运算符："＝""＜＝"和"＞＝"，不支持严格小于和严格大于关系运算符. 用"＜"或"＜＝"表示小于或等于关系，"＞"或"＞＝"表示大于或等于关系，而用 $A+\varepsilon<=B$ 表示 A 严格小于 B（ε 为一个很小的正数）.

2. 数学函数

LINGO 提供了大量的标准数学函数，例如：

（1）@abs(x)：返回 x 的绝对值.

（2）@sin(x)：返回 x 的正弦，x 采用弧度制.

（3）@cos(x)：返回 x 的余弦.

（4）@tan(x)：返回 x 的正切.

（5）@exp(x)：返回常数 e 的 x 次方.

（6）@log(x)：返回 x 的自然对数.

（7）@lgm(x)：返回 x 的伽马函数的自然对数.

（8）@sign(x)：如果 x＜0，返回－1；否则，返回 1.

（9）@floor(x)：返回 x 的整数部分. 当 x≥0 时，返回不超过 x 的最大整数；当 x＜0 时，返回不小于 x 的最大整数.

（10）@smax(x1，x2，…，xn)：返回 x1，x2，…，xn 中的最大值.

（11）@smin(x1，x2，…，xn)：返回 x1，x2，…，xn 中的最小值.

3. 金融函数

目前 LINGO 提供了下面两种金融函数：

(1) @fpa(I,n)：返回如下情形的净现值：单位时段利率为 I，连续 n 个时段支付，每个时段支付单位金额. 也就是说，

$$@fpa(I,n) = \sum_{k=1}^{n} \frac{1}{(1+I)^k} = \frac{1-(1+I)^{-n}}{I}.$$

若每个时段支付 x 单位金额，则净现值可用 x 乘以@fpa(I,n)求得. 净现值就是在一定时期内为了获得一定收益在该时期初所支付的实际金额.

(2) @fpl(I,n)：返回如下情形的净现值：单位时段利率为 I，第 n 个时段支付单位金额. 也就是说，

$$@fpl(I,n) = (1+I)^{-n}.$$

可以发现，上面两个函数之间具有以下关系：

$$@fpa(I,n) = \sum_{k=1}^{n} @fpl(I,k).$$

4. 概率函数

LINGO 也提供了大量的概率函数，它们是：

(1) @pbn(p,n,x)：参数为 p 的二项分布的分布函数，当 n 或 x 不是整数时，用线性插值进行计算.

(2) @pcx(n,x)：自由度为 n 的 χ^2 分布的分布函数.

(3) @peb(a,x)：当负荷上限为 a，服务系统有 x 个服务台且允许无穷排队时的埃尔朗(Erlang)繁忙概率.

(4) @pel(a,x)：当负荷上限为 a，服务系统有 x 个服务台且不允许排队时的埃尔朗繁忙概率.

(5) @pfd(n,d,x)：自由度为 n 和 d 的 F 分布的分布函数.

(6) @pfs(a,x,c)：当负荷上限为 a，顾客个数为 c，平行服务台个数为 x 时，有限源的泊松(Poisson)服务系统的等待或返修顾客数的期望值，其中 a 等于顾客个数乘以平均服务时间，再除以平均返修时间. 当 c 或 x 不是整数时，采用线性插值进行计算.

(7) @phg(pop,g,n,x)：超几何分布的分布函数，其中 pop 表示产品总数，g 是从所有产品中任意取出 n(n≤pop)件的正品件数. pop,g,n 和 x 都可以是非整数，这时采用线性插值进行计算.

(8) @ppl(a,x)：泊松分布的线性损失函数，返回 max(0,Z－x)的期望值，其中随机变量 Z 服从均值为 a 的泊松分布.

(9) @pps(a,x)：均值为 a 的泊松分布的分布函数. 当 x 不是整数时，采用线性插值进行计算.

(10) @psl(x)：单位正态线性损失函数，返回 max(0,Z－x)的期望值，其中随机变量 Z 服从标准正态分布.

(11) @psn(x)：标准正态分布的分布函数.

(12) @ptd(n,x)：自由度为 n 的 t 分布的分布函数.

(13) @qrand(seed)：产生服从区间(0,1)上均匀分布的拟随机数(seed 为种子,默认取计算机当前的时间作为种子).@qrand 只允许在程序的数据段使用,它将用拟随机数填满集成员的属性.通常可以用它来声明一个 $m\times n$ 的二维表,其中 m 表示进行实验的次数,n 表示每次实验所需的拟随机数个数.在行内,拟随机数是独立分布的;在行间,拟随机数的分布是非常均匀的.这些拟随机数是用分层取样的方法产生的.

5. 变量界定函数

LINGO 中变量界定函数可以实现对变量取值范围的附加限制,共有以下四种：

(1) @bin(x)：限制 x 为 0 或 1;

(2) @bnd(L,x,U)：限制 L≤x≤U;

(3) @free(x)：取消对变量 x 的默认下界为 0 的限制,即 x 可以取任意实数;

(4) @gin(x)：限制 x 为整数.

在默认情况下,LINGO 规定变量是非负的,也就是说下界为 0,上界为 +∞.函数@free 取消了默认下界为 0 的限制,使变量也可以取负值.函数@bnd 用来设定一个变量的上、下界,它也可以取消默认下界为 0 的约束.

6. 集处理函数

LINGO 中集处理函数主要有以下几种：

(1) @in(set_name,primitive_index_1 [,primitive_index_2,…])：如果成员在指定集中,返回 1;否则,返回 0.

例如：

```
sets:
  I/x1..x4/;
  B(I)/x2/;
  C(I)|#not#@in(B,&1);
Endsets
```

上述程序代码表示通过一个基本集合 I 派生出两个集合 B 和 C,且二者互补.

(2) @index([set_name,] primitive_set_element)：返回在集 set_name 中原始集成员 primitive_set_element 的索引.如果 set_name 被省略,那么将返回与 primitive_set_element 匹配的第一个原始集成员的索引.如果找不到,则产生一个错误.

例如：

```
sets:
  girls/debble,sue,alice/;
  boys/bob,joe,sue,fred/;
endsets
I1 = @index(sue);
```

```
I2 = @index(boys,sue);
```

上述程序代码可实现求元素 sue 在集合中的索引,其运行结果如下:

```
Variable          Value
      I1       2.000000
      I2       3.000000
```

建议在使用函数@index 时指定集.

(3) @wrap(index,limit):返回 j=index−k * limit,其中 k 是一个整数,取适当值保证 j 落在区间[1,limit]内.该函数相当于求 index 模 limit 再加 1.

利用函数@wrap 可以将变量的值限制在集的索引范围之内.在集循环函数里,当集的最后一个成员出现后,使用函数@wrap 就可以转到集的第一个成员的索引.该函数在循环、多阶段计划程序的编写中特别有用.

(4) @size(set_name):返回集 set_name 的成员个数.

例如:

```
sets:
  S1/A B C/;
  S2/X Y Z/;
  S3(S1,S2)/A X, A Z, B Y, C X/;
  S4(S1,S2);
endsets
A = @size(S1);
B = @size(S2);
C = @size(S3);
D = @size(S4);
```

上述程序代码的运行结果如下:

```
Variable          Value
       A       3.000000
       B       3.000000
       C       4.000000
       D       9.000000
```

7. 集循环函数

集循环函数遍历整个集进行操作,其格式如下:

```
@function(setname[(set_index_list)[|conditional_qualifier]]:
  expression_list);
```

这里@function 相应于下面罗列的四种集循环函数之一:@for,@sum,@max,@min;setname 是要遍历的集;set_index_list 是集的索引列表;conditional_qualifier 用来限制集

循环函数的循环范围,当集循环函数遍历限制集的每个成员时,LINGO 都要对 conditional_qualifier 进行判断,若结果为真,则对相应成员执行@function 操作,否则跳过,继续执行下一次循环;expression_list 是被应用到每个集成员的表达式列表. 当用的是函数@for 时,expression_list 可以包含多个表达式,其间用逗号隔开,这些表达式将被作为约束条件加到程序中;当使用其余三个集循环函数时,expression_list 只能有一个表达式. 如果省略 set_index_list,那么在 expression_list 中引用的所有属性都属于集 setname.

1) 函数@for

函数@for 用来产生对集成员的约束. 该函数只允许输入一个约束,然后 LINGO 自动产生对每个集成员的约束.

例如:

```
model:
sets:
  number/1..5/:X;
endsets
  @for(number(I): X(I) = I^2);
end
```

上述程序的运行结果如下:

```
Variable        Value
    X(1)     1.000000
    X(2)     4.000000
    X(3)     9.000000
    X(4)     16.00000
    X(5)     25.00000
```

2) 函数@sum

函数@sum 返回遍历指定的集成员属性的一个表达式的和.

例 1 求向量[5,1,3,4,6,10]前五个分量的和.

解 建立程序文件,程序代码如下:

```
model:
data:
  N = 6;
enddata
sets:
  number/1..N/:X;
endsets
data:
```

```
  X = 5 1 3 4 6 10;
enddata
  S = @sum(number(I) | I #le# 5: X);
end
```

运行结果：

```
Variable          Value
       N       6.000000
       S       19.00000
    X(1)       5.000000
    X(2)       1.000000
    X(3)       3.000000
    X(4)       4.000000
    X(5)       6.000000
    X(6)       10.00000
```

可见，向量[5,1,3,4,6,10]前五个分量的和为19.

3）函数@min和@max

函数@min和@max分别返回指定的集成员属性的一个表达式的最小值和最大值.

例2 求向量[5,1,3,4,6,10]前五个分量的最小值，后三个分量的最大值.

解 建立程序文件，程序代码如下：

```
model:
data:
  N = 6;
enddata
sets:
  number/1..N/:X;
endsets
data:
  X = 5 1 3 4 6 10;
enddata
  MINV = @min(number(I) | I #le# 5: X);
  MAXV = @max(number(I) | I #ge# N - 2: X);
end
```

运行结果：

```
Variable          Value
       N       6.000000
```

```
MINV     1.000000
MAXV     10.00000
X(1)     5.000000
X(2)     1.000000
X(3)     3.000000
X(4)     4.000000
X(5)     6.000000
X(6)     10.00000
```

由运行结果可知,向量[5,1,3,4,6,10]前五个分量的最小值是1,后三个分量的最大值是10.

8. 输入和输出函数

输入和输出函数可以把程序和外部数据(如文本文件、数据库和电子表格中的数据)连接起来.

1) 函数@file

函数@file可以从外部文本文件中读取数据置于程序的任何位置,其格式如下:

```
@file('filename')
```

其中filename是文件名,可以采用相对路径和绝对路径两种表示方式.

例如,在用LINGO求解如下最小运费问题时,可将数据与程序完全分开:六个发货点和八个收货点的最小运费问题,其中从各发货点到各收货点的单位运价以及发货量和收货量限额如表1-8-4所示.

表1-8-4 从各发货点到各收货点的单位运价以及发货量和收货量限额 (单位:元)

发货点	收货点								发货量限额/t
	B1	B2	B3	B4	B5	B6	B7	B8	
A1	6	2	6	7	4	2	5	9	60
A2	4	9	5	3	8	5	8	2	55
A3	5	2	1	9	7	4	3	3	51
A4	7	6	7	3	9	2	7	1	43
A5	2	3	9	5	7	2	6	5	41
A6	5	5	2	2	8	1	4	3	52
收货量限额/t	35	37	22	32	41	32	43	38	

分析 在这一最小运费问题中有两个地方涉及数据:第一个地方是集合段,第二个地方是数据段.可通过函数@file将这两部分数据集中放置于文本文件中,使用时也可通过函数@file把数据从文本文件拖到程序中,使得数据与程序完全分开.具体的程序代码

如下：

```
sets:
  warehouses / @file('widgets2.ldt')/: capacity;
  vendors / @file('widgets2.ldt')/: demand;
  links(warehouses, vendors): cost, volume;
endsets
  min = @sum(links(i,j): cost(i,j) * volume(i,j));
  @for(vendors(j):
    @sum(warehouses(i): volume(i,j)) = demand(j));
  @for(warehouses(i):
    @sum(vendors(j): volume(i,j))<= capacity(i));
data:
  capacity = @file('widgets2.ldt');
  demand = @file('widgets2.ldt');
  cost = @file('widgets2.ldt');
enddata
```

上述程序代码的所有数据来自文件 widgets2.ldt，具体数据如下：

```
wh1 wh2 wh3 wh4 wh5 wh6 ~            ! warehouses 成员；
v1 v2 v3 v4 v5 v6 v7 v8 ~            ! vendors 成员；
60 55 51 43 41 52 ~                  ! 产量；
35 37 22 32 41 32 43 38 ~            ! 销量；
6 2 6 7 4 2 5 9                      ! 单位运输费用矩阵；
4 9 5 3 8 5 8 2
5 2 1 9 7 4 3 3
7 6 7 3 9 2 7 1
2 3 9 5 7 2 6 5
5 5 2 2 8 1 4 3
```

这里符号!与;分别表示解释的开始和结束.数据文件中以符号~标记一条记录的结束.如果数据文件中没有记录结束标记，那么整个文件被看作单条记录.在一个程序中最多可以调用 16 个文本数据文件.

2）函数@text

函数@text 用于数据段，用来把数据输出至文本文件中.它可以输出集成员及其属性，其格式如下：

```
@text(['filename'])
```

这里 filename 是文件名，可以采用相对路径和绝对路径两种表示方式.如果忽略

filename,那么数据就被输出到标准输出设备(大多数情形都是屏幕).

函数@text 仅能出现在程序数据段中一条语句的左边,其右边是集名(用来输出该集的所有成员)或集成员的属性(用来输出该集成员属性的值).

我们把用函数@text 产生输出的数据声明称为**输出操作**. 输出操作仅当求解器求解完相应的模型后才执行,执行次序取决于其在程序中出现的先后.

3) 函数@ranged

函数@ranged 用于输出特指变量在目标函数中系数的允许减少量或特指行右边资源的允许减少量,其格式如下:

```
@ranged(variable_or_row_name),
```

其中 variable 表示变量,row 表示约束行.

例如,假设一个程序具有下面的数据域:

```
data
    @text('C:\output.txt') = x,@ranged(x);
enddata
```

当运行程序时,变量 x 的值和它的目标函数中系数的允许减少量被写入 C 盘的文件 output.txt 中. 借助输出语句左边的函数,可以将输出发送到一个文件、电子表格、数据库或内存区域中.

4) 函数@rangeu

函数@rangeu 用于输出特指变量在目标函数中系数的允许增加量或特指行右边资源的允许增加量,其格式如下:

```
@rangeu(variable_or_row_name)
```

其中 variable 表示变量,row 表示约束行.

例如,假设一个程序具有下面的数据域:

```
data
    @text('C:\output.txt') = x,@rangeu(x);
enddata
```

当运行程序时,变量 x 的值和它的目标函数中系数的允许增加量被写入 C 盘的文件 output.txt 中. 借助输出语句左边的函数,可以将输出发送到一个文件、电子表格、数据库或内存区域.

5) 函数@status

函数@status 的格式为@status(),它返回 LINGO 求解模型结束后的状态:Global Optimum(全局最优)、Infeasible(不可行)、Unbounded(无界)、Undetermined(不确定)、Feasible(可行)、Infeasible or Unbounded(通常需要关闭"预处理"选项后重新求解模型,以确定模型究竟是不可行的还是无界的)、Local Optimum(局部最优)、Locally Infeasible(局部不可行)、Cutoff(目标函数的截断值被达到)、Numeric Error(求解器因在某个约束中遇到无定义的算术运算而停止)等.

6) 函数@dual

在一个输出语句里,可用函数@dual 输出对偶变量(影子价格)的值,其格式如下:

```
@dual(variable_or_row_name)
```

其中 variable 表示变量,row 表示约束行.

例如,假设程序具有下面的数据域:

```
data:
    @text('C:\output.txt') = x,@dual(x);
enddata
```

当求解模型时,变量 x 的值和它的判别数(reduced cost)被写入 C 盘的文件 output.txt 中.如果函数@dual 的参数是一个行名,则所有生成行的影子价格连同行名将一并被输出.输出可以送到输出语句左边函数指定一个文件、电子表格、数据库或内存区域.

第二篇　实　验　篇

实验篇是依托于第一篇所介绍的 MATLAB 和 LINGO 两种数学软件，围绕数学公共课程“高等数学”“线性代数”“概率统计”和数学专业课程“数学分析”“高等代数”“常微分方程”“概率论与数理统计”“数值分析”“运筹学”等而编写的综合性实验．实验内容涉及数学知识在理工类、经管类各专业中的应用，要求学生运用数学理论知识去解决实际问题．这些实验将理论学习与实践活动结合起来，使学生体会到数学真正是一门有用的学科，而不是一些枯燥无味的数学符号的推导，进而激发学生的学习兴趣，培养学生的综合运用能力．

实验一　数列极限的直观认识

一、实验背景和目的

极限理论是高等数学的基础，数列极限是高等数学的重要内容，深刻认识和理解数列极限将对后继微积分的学习有着重要的意义.本实验通过数列极限的动态演示，帮助学生进一步认识数列极限的概念和意义.

二、相关函数

(1) limit(f,x,a)：求表达式 f 当自变量 x 趋于 a 时的极限.

(2) hold on：启动图形保持功能；hold off：关闭图形保持功能.hold on 和 hold off 一般是配合使用的.

(3) plot(x,y)：以相同维数的向量 x,y 为横、纵坐标轴绘制二维曲线图形.

(4) fprintf(format,variables)：按 format 指定的数据格式把变量 variables 的值输出到屏幕，数据格式%d,%e,%f,%s 分别表示整数、实数科学计算法形式、实数小数形式、字符串.

(5) pause(a)：控制程序运行过程暂停 a 秒.该函数也可省略参数 a，这时表示程序暂停，按任意键可使程序继续运行.

三、实验理论与方法

定义　对于数列$\{x_n\}$，如果存在常数 a，对于任意给定的正数 ε，都存在正整数 N，使得当 $n>N$ 时，不等式$|x_n-a|<\varepsilon$ 都成立，则称 a 为数列$\{x_n\}$的极限，记为$\lim\limits_{n\to\infty}x_n=a$.

该定义可理解为：当 n 无限大时，如果数列$\{x_n\}$的一般项 x_n 无限接近于常数 a，则称常数 a 为数列$\{x_n\}$的极限，或称数列$\{x_n\}$收敛于 a.所以，如果数列$\{x_n\}$的极限存在，则该数列中足够靠后的那些项与极限值 a 的差别可以任意小.这在几何图形上表现为：以 n 作为点的横坐标，x_n 作为点的纵坐标，则数别$\{x_n\}$所表示的无穷多个点要么向上渐渐趋近于水平直线 $y=a$，要么向下渐渐趋近于水平直线 $y=a$(这条水平线是我们根据趋势自然而然地想象出来的).

四、实验示例

例　计算极限$\lim\limits_{n\to\infty}\left(1+\frac{1}{n}\right)^n$，并通过图形动态展示其收敛过程.

解 用 limit(f,x,a)直接计算此极限，具体实现的程序代码见 MATLAB 代码 1-1，运行结果如下：

```
exp(1)
```

由此可见

$$\lim_{n\to\infty}\left(1+\frac{1}{n}\right)^n = \mathrm{e}.$$

用 plot(x,y)绘制图形，做动态展示，具体步骤如下：

步骤 1 利用循环结构逐一计算 n 从 1 到 100 时 $\left(1+\frac{1}{n}\right)^n$ 的对应值，即得到 100 对数值；

步骤 2 在直角坐标系下描出数值对对应的点，即把点

$$\left(1,\left(1+\frac{1}{1}\right)^1\right),\quad \left(1,\left(2+\frac{1}{2}\right)^2\right),\quad \cdots,\quad \left(100,\left(1+\frac{1}{100}\right)^{100}\right)$$

逐一描出；

步骤 3 放慢逼近过程进行动态演示，即可展现随着 n 不断增大，数列值的变化趋势.

具体实现的程序代码见 MATLAB 代码 1-2，运行结果如图 2-1-1 所示，这里是动态图的最终状态.

从程序运行结果可见，当 $n\to\infty$ 时，绘制的图形与直线 $y=\mathrm{e}$ 无限接近，因此可得结论

$$\lim_{n\to\infty}\left(1+\frac{1}{n}\right)^n=\mathrm{e}.$$

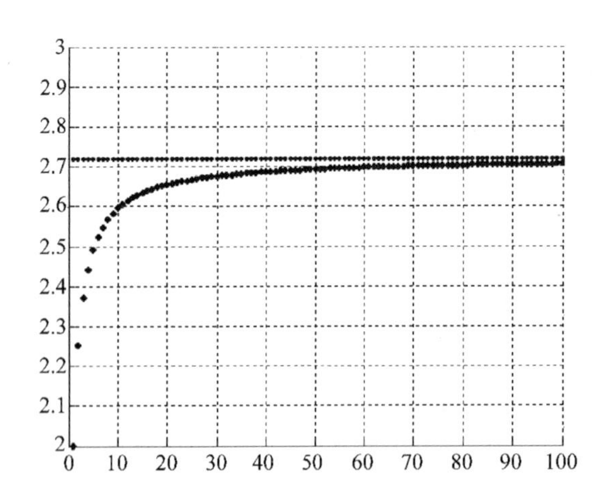

图 2-1-1 数列极限动态图的最终状态

练　习

试分析数列极限 $\lim\limits_{n\to\infty}\sqrt{n}(\sqrt{n+1}-\sqrt{n})$：

(1) 利用 MATLAB 的符号运算计算此数列极限的值；

(2) 动态演示该数列当 $n\to\infty$ 时的变化趋势.

附录 MATLAB 代码

MATLAB 代码 1-1

```
%求数列极限
clear;  %清除内存变量
clf;  %清理图形窗口
syms n  %定义符号变量
sn = (1 + 1/n)^n;
S = limit(sn,n,inf);  %求数列极限
disp(S);  %显示运算结果
```

MATLAB 代码 1-2

```
%动态演示数列极限
clear;  %清除内存变量
clf;  %清理图形窗口
hold on  %图形叠加
axis([0,100,2,3]);  %设置坐标格式,区间的确定往往需要多次试探
grid  %加网格
for n = 1:100
  sn = (1 + 1/n)^n;  %计算数列各项的值
  plot(n,sn,'r.','markersize',15);  %画出相应的坐标点,点的大小标识为 15
  pause(0.05);  %停顿
  fprintf('n = %d sn = %.4f\n',n,sn);  %显示坐标位置
end
n = 1:100;
y = 2.71827;
plot(n,y,'m.');  %显示逼近直线
hold off  %图形保持结束
```

实验二　方程根的估计

一、实验背景和目的

方程根的估计是数学中常见的问题,涉及系数的取值范围、根的个数及分布情况等.对于一些特殊方程根的估计,有时候并不能直接计算,需要通过一定的方式了解其根的个数,并做出较为合适的估计,然后将估计值作为初始根进行迭代.初始根的估计值将直接影响迭代结果.本实验通过绘制函数图形并观察分析的方式,让学生学会通过作图法估计方程根的过程.

二、相关函数

(1) linspace(x1,x2,N):产生指定范围[x_1,x_2]内的 N 个数,相邻数跨度相同,返回值为一个行向量.

(2) grid on:在画图的时候添加网格线.

(3) xlabel:为当前坐标区或图形的 x 轴添加标签.

三、实验理论与方法

在对方程 $f(x)=0$ 的根进行估计时,可借助计算机逐步画图,得到该方程根的近似值.函数 $y=f(x)$的图形与 x 轴交点的个数即为方程 $f(x)=0$ 的根的个数(这里的根指的是实根),交点的横坐标即为方程 $f(x)=0$ 的根.

四、实验示例

例　求方程 $4\sin x-x-2=0$ 的根的近似值.

解　绘制函数 $y=4\sin x-x-2$ 的图形,该方程根的近似值可通过观察图形得到,具体步骤如下:

步骤 1　采用描点绘图方式画出该函数在预估范围[-6,6](预估范围可根据观察结果进行调整)内的图形;

步骤 2　标出该函数的图形与 x 轴的交点;

步骤 3　观察该函数的图形与 x 轴的交点个数和交点的大致位置,即可得到该方程根的近似值.

步骤 1 和步骤 2 具体实现的程序代码见 MATLAB 代码 2-1,运行结果如图 2-2-1

所示.

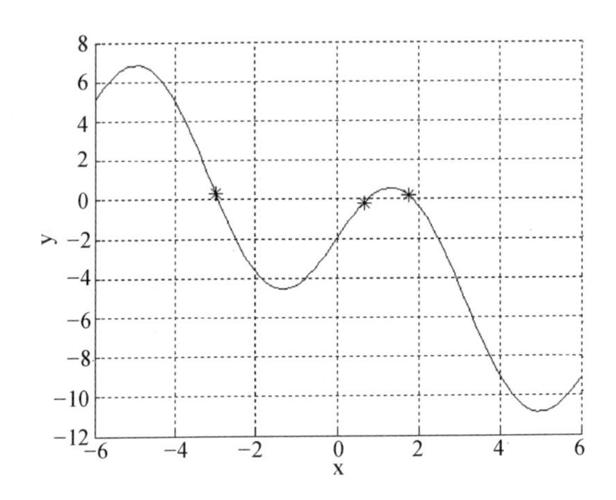

图 2-2-1　方程根的估计

观察图 2-2-1 给出的函数图形发现,该方程有三个根:区间(−4,−2)上有一个根,区间(0,2)上有两个根,可取区间(−4,−2)的中点−3 以及区间(0,1),(1,2)的中点 0.5,1.5 作为该方程三个根的近似值.

若需要进一步求得较为精确的根,可将上面得到的三个根的近似值作为初始根进行迭代计算.

练　　习

试用作图法对不同的参数 m 求方程 $x^3-\frac{m}{3}x-1=0$ 的根的个数,并估计根所在的范围.

附录 MATLAB 代码

MATLAB 代码 2-1

```
%估计方程的根
clc;
clf;  %清空图形窗口
clear;  %清空内存变量
x = linspace(-6,6);  %确定x轴上的作图范围,该范围的确定往往需要多次试探
y = 4.*sin(x) - x - 2;  %得到对应的y值
hold on;  %开启图形保持功能
grid on;  %加网格
plot(x,y,'b*');  %画函数的图形
xlabel('x'); ylabel('y');  %加x,y轴标志
[m n] = size(x);
for t = 1:n-1
  if(y(t)*y(t+1)<0)
    fprintf('[%.4f,%.4f]\n',x(t),x(t+1));  %显示区间
    plot(x(t),y(t),'r.','markersize',15);  %在函数的图形上标出根的近似值
  end
end
hold off;  %关闭图形保持功能
```

实验三　下落物体的速度问题

一、实验背景和目的

在实际生活中，经常会遇到下落物体的速度问题. 比如，将放射性核废料装入密封完好的圆桶沉入深海是否可行？科学家们担心这种做法不安全，于是提出了问题：圆桶到达海底时的速度到底是多少？圆桶会因碰撞而破裂吗？如何对这个问题进行求解以从一个方面判断这种处理方法是否可行至关重要. 对于这个问题，本实验利用常微分方程建立数学模型进行求解.

二、相关函数

(1) dsolve('equ','var')：求解常微分方程，其中 equ 为待求解的常微分方程，var 为指定变量.

(2) dsolve('equ','condition1,condition2,…,conditionN','var')：求解常微分方程的初值问题，其中 equ 为常微分方程，condition1，condition2，…，conditionN 为初始条件，var 为指定变量.

三、实验理论与方法

1. 问题分析

对于上述核废料处理问题，找出圆桶的运动规律，即可从一个方面判断出这样处理核废料的方法是否安全. 圆桶在运动过程中所受到的力包括：重力 G、海水的浮力 F 和海水的阻力 f. 在一定条件下，大量试验后得出结论：圆桶下沉时海水的阻力与圆桶的方位大致无关，而与下沉的速度成正比，比例系数为 $k=0.6$；圆桶的速度超过 12.2 m/s 时，圆桶会因碰撞而破裂.

2. 模型建立

设圆桶的位移函数为 $s=s(t)$，速度函数为 $v=v(t)$. 由牛顿第二定律及位移函数对时间求二阶导数或速度函数对时间求一阶导数都可以得到加速度，从而可以得到圆桶的位移函数 $s=s(t)$ 和速度函数 $v=v(t)$ 分别满足如下常微分方程的初值问题：

$$\begin{cases} m\dfrac{\mathrm{d}^2 s}{\mathrm{d}t^2} = G - F - f = mg - \rho g V - k\dfrac{\mathrm{d}s}{\mathrm{d}t}, \\ \left.\dfrac{\mathrm{d}s}{\mathrm{d}t}\right|_{t=0} = v\big|_{t=0} = 0, \\ s\big|_{t=0} = 0, \end{cases} \tag{2-3-1}$$

$$
\begin{cases}
m\dfrac{\mathrm{d}v}{\mathrm{d}t}=G-F-f=mg-\rho gV-kv,\\
v\big|_{t=0}=0,
\end{cases}
\tag{2-3-2}
$$

其中 m 为圆桶的质量，g 为重力加速度，ρ 为海水的密度，V 为圆桶的体积.

四、实验示例

例　在上述核废料处理问题中，若已知圆桶的质量为 $m=239.46$ kg，海水的密度为 $\rho=1035.71\ \mathrm{kg/m^3}$，海水深度为 90 m，圆桶的体积为 $V=0.2058\ \mathrm{m^3}$，并取重力加速度 $g=9.8\ \mathrm{m/s^2}$，试判断这种处理核废料的方法是否安全.

解　将已知数据代入初值问题(2-3-1)和(2-3-2)，得到具体的初值问题

$$
\begin{cases}
239.46\dfrac{\mathrm{d}^2s}{\mathrm{d}t^2}=239.46\times 9.8-1035.71\times 9.8\times 0.2058-0.6\dfrac{\mathrm{d}s}{\mathrm{d}t},\\
\dfrac{\mathrm{d}s}{\mathrm{d}t}\bigg|_{t=0}=0,\\
s\big|_{t=0}=0,
\end{cases}
\tag{2-3-3}
$$

$$
\begin{cases}
239.46\dfrac{\mathrm{d}v}{\mathrm{d}t}=239.46\times 9.8-1035.71\times 9.8\times 0.2058-0.6v,\\
v\big|_{t=0}=0.
\end{cases}
\tag{2-3-4}
$$

根据初值问题(2-3-3)和(2-3-4)解出圆桶的位移函数 $s(t)$ 和速度函数 $v(t)$. 令 $s(t)=90$ m，求出圆桶落到海底所需的时间 t_0，则 $v(t_0)$ 即为圆桶落到海底时的速度. 这样就可以判断出这种处理核废料的方法是否安全.

下面分别求解初值问题(2-3-3)和(2-3-4).

对于初值问题(2-3-3)，在命令行窗口输入：

```
>> st = dsolve('239.46 * D2s = 239.46 * 9.8 - 1035.71 * 9.8 * 0.2058 - 0.6
        * Ds','Ds(0) = 0,s(0) = 0','t')
```

运行结果：

```
st =
   857554962173/5000000 * exp( - 10/3991 * t) + 214872203/500000 * t
   - 857554962173/5000000
```

对于初值问题(2-3-4)，在命令行窗口输入：

```
>>vt = dsolve('239.46 * Dv = 239.46 * 9.8 - 1035.71 * 9.8 * 0.2058 - 0.6
       * v','v(0) = 0','t')
```

运行结果：

```
vt =
   214872203/500000 - 214872203/500000 * exp( - 10/3991 * t)        (2-3-5)
```

为了计算圆桶落到海底所需的时间,在命令行窗口输入:

```
>>t = double(solve('90 = 857554962173/5000000 * exp( - 10/3991 * t)
        + 214872203/500000 * t - 857554962173/5000000'))
```

运行结果:

```
t =

    12.99939781354047
```

将 $t\approx 12.9994$ s 代入上面求解初值问题(2-3-4)得到的(2-3-5)式,可得圆桶落到海底时的速度 $v\approx 13.7720$ m/s. 也就是说,圆桶落到海底时的速度约为 13.77 m/s. 显然,此时圆桶的速度已经超过 12.2 m/s,因此可以得出结论:这种处理核废料的方法不安全.

练　　习

1. 在上述核废料处理问题中,若将圆桶沉入深度为 85 m 的海水中,情况如何?

2. 在上述核废料处理问题中,假设海水的阻力与速度的平方成正比:$f=kv^2$,并仍设 $k=0.6$,这时速度与时间的关系如何? 并求出当速度不超过 12.2 m/s 时,圆桶的运动时间和位移应不超过多少?

3 . 当冰雹自高空下落时,除了受到重力之外,还受到空气阻力的作用. 忽略冰雹的形状及风对阻力的影响,则冰雹所受到的阻力主要由冰雹的速度决定. 请在以下两种假设下建立冰雹下落时速度问题的常微分方程模型:

(1) 阻力大小与下落的速度成正比;

(2) 阻力大小与下落的速度平方成正比.

然后思考:如果没有空气阻力,那么冰雹从 5000 m 高空落下将是一场什么样的灾难?

实验四　路线的设计问题

一、实验背景和目的

外出旅行尤其是徒步穿越时可能涉及在一定条件下两地间路程的估计问题.当身边带有一些专业测量仪器时,这似乎是件很容易的事.如果没有的话,实现路程的估计有时还是有一定难度的.例如,设有一座山,其水平位置与高度满足某个函数关系式,需设计一条坡角不超过固定值的到达山顶的路线,使得路程最短.本实验利用 MATLAB 对这类问题进行路线设计,给出最佳答案,以培养学生分析和解决实际问题的能力.

二、相关函数

[X,Y] = meshgrid(x,y):X 每一行的数值都是复制的 x 的值;Y 每一列的数值都是复制的 y 的值.

三、实验理论与方法

1. 问题分析

地理环境复杂成为设计路线的关键问题,可以通过地理信息、等高线等进行分析,找出设计路线的可行方案.

2. 模型建立

假设一座山的水平位置(x,y)与高度 z 满足函数关系式

$$z=f(x,y),\quad (x,y)\in D,$$

试设计一条坡角不超过 α 的到达山顶的路线,使得路程最短.

考虑两条相邻等高线,设它们之间的高度差为 d.设沿坡角不超过 α,从海拔高度较低的等高线上的点 A 走至海拔高度较高的等高线上的点 B,见图 2-4-1.显然,最短路程应为

$$|AB|=\frac{d}{\sin\alpha}. \tag{2-4-1}$$

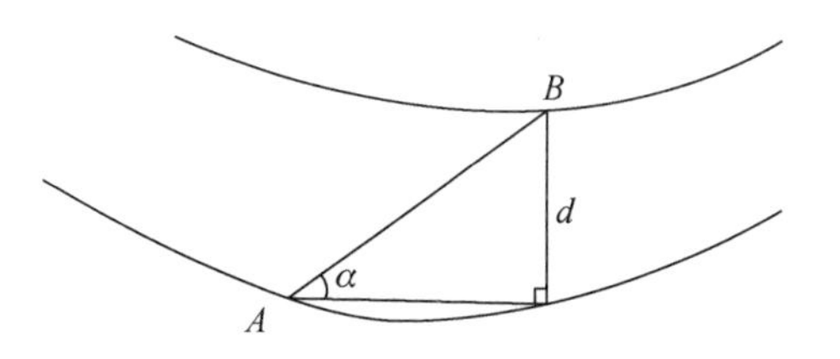

图 2-4-1　两条相邻等高线之间路线的示意图

在(2-4-1)式中,当坡角 α 已知时,若两条相邻等高线的高度差 d 固定,则从一条等高线上的点 A 到另一条等高线上的点 B 的距离$|AB|$就确定.

四、实验示例

例 设一座山的水平位置(x,y)(单位：m)与高度z(单位：m)满足函数关系式

$$z=320-\frac{x^2}{500}-\frac{y^2}{500},\quad (x,y)\in D,$$

其中$D=\{(x,y)\mid -400\leqslant x\leqslant 400,-400\leqslant y\leqslant 400\}$,试设计一条坡角不超过30°的到达山顶的路线,使得路程最短.

解 在D内以等高度差作函数$z=320-\frac{x^2}{500}-\frac{y^2}{500}$的等高线和三维图形.

先在命令行窗口输入：

```
>> [X,Y] = meshgrid([-400:40:400]);
Z = 320 - (X.^2 + Y.^2)/500;
contour(X,Y,Z,30)
grid off
```

运行结果如图2-4-2所示.

再在命令行窗口输入：

```
>>[X,Y] = meshgrid([-400:40:400]);
>>Z = 320 - (X.^2 + Y.^2)/500;
contour3(X,Y,Z,30)
grid off
```

运行结果如图2-4-3所示.

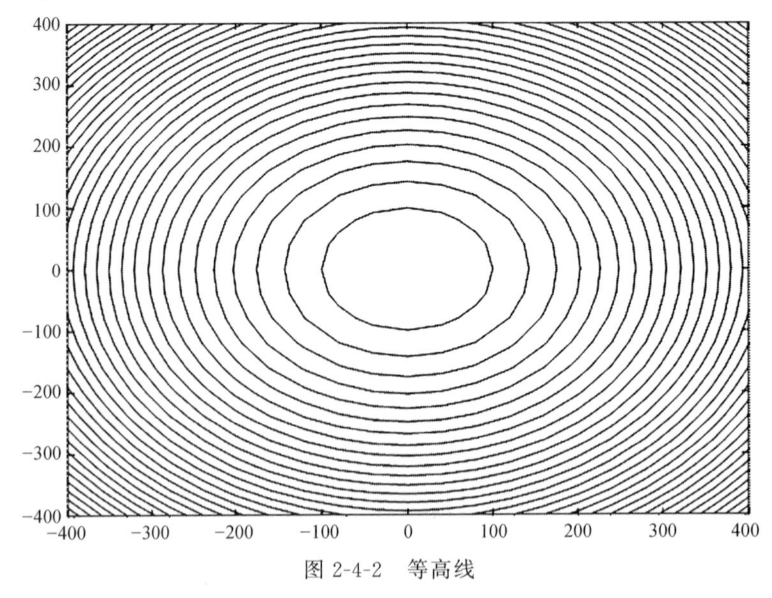

图2-4-2 等高线

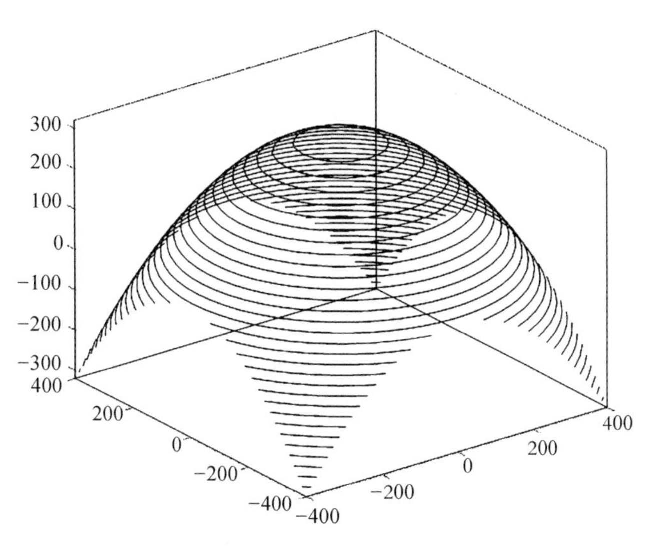

图 2-4-3　三维图形

由图 2-4-2 可以看出，如从水平面点 $A(0,-400)$（海拔高度为 0 m）到山的最高点（坐标为(0,0)）共有 15 条等高线，则任意两条相邻等高线的高度差为$\frac{320\text{ m}}{15}\approx 21.33\text{ m}$，从而两条相邻等高线间的地面距离应为$|AB|\approx\frac{21.33\text{ m}}{\sin 30^\circ}\approx 42.67\text{ m}$. 因此，可选择如下从点 A 到山顶的路线：从点 A 开始以定长约 42.67 m 移动到第二条等高线上的点 B，再从点 B 开始以定长约 42.67 m 移动到第三条等高线上的点 C……直至山顶.

练　习

设有马鞍面方程 $\frac{x^2}{4}-\frac{y^2}{9}=2z$，试设计算法，求点$\left(4,3,\frac{3}{2}\right)$与点$\left(-2,6,-\frac{3}{2}\right)$在曲面上的最短路径.

实验五　梁的受力情况分析

一、实验背景和目的

桥梁、房顶、铁塔等建筑结构涉及各种各样的梁，对这些梁进行受力分析是非常重要的.梁承托着建筑物上部构架中的构件及顶面的全部质量，是上部构架中最为重要的部分.与其他的横向受力结构(如桁架、拱等)相比，梁的受力性能是较差的，但它简单，制作方便，故在中小跨度建筑中仍得到了广泛的应用.本实验以双杆系统的受力分析为例，利用线性方程组来分析梁上各铰接点处的受力情况，以培养学生分析和解决实际问题的能力.

二、实验理论与方法

在图 2-5-1 所示的双杆系统中，假设两根杆都是均匀的，三个铰接点 A,B,C 所在的平面垂直于水平面，分析杆 1 和杆 2 在铰接点处所受到的力.

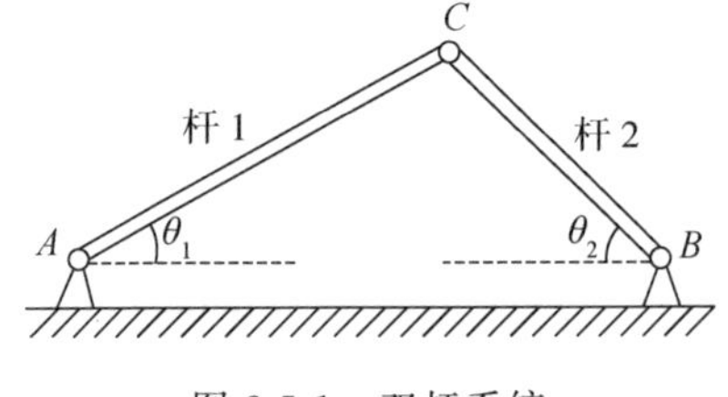

图 2-5-1　双杆系统

1. 问题分析

对双杆系统进行受力分析，如图 2-5-2 所示.

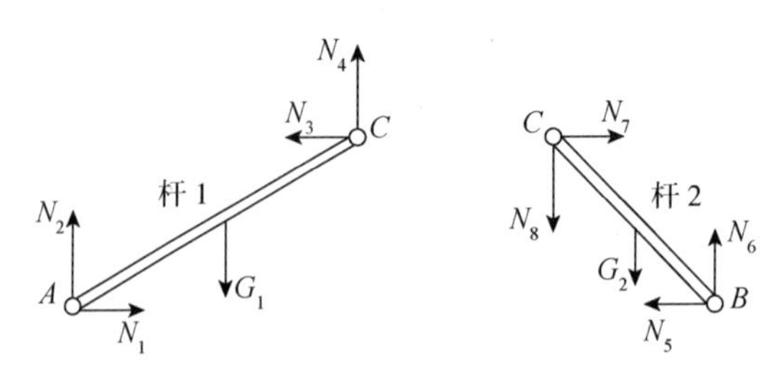

图 2-5-2　双杆系统的受力分析

设杆 1 和杆 2 的长度分别为 L_1, L_2.

对于杆 1，水平方向受到的合力为零，故

$$N_1 = N_3;$$

竖直方向受到的合力为零，故

$$N_2 + N_4 = G_1;$$

以点 A 为支点的合力矩为零，故

$$(L_1\sin\theta_1)N_3 + (L_1\cos\theta_1)N_4 = \left(\frac{1}{2}L_1\cos\theta_1\right)G_1.$$

对于杆 2，类似地有

$$N_5 = N_7, \quad N_6 = N_8 + G_2,$$

$$(L_2\sin\theta_2)N_7 = (L_2\cos\theta_2)N_8 + \left(\frac{1}{2}L_2\cos\theta_2\right)G_2.$$

此外，还有

$$N_3 = N_7, \quad N_4 = N_8.$$

2. 模型建立

将上述等式联立起来得到关于 $N_1, N_2, \cdots, N_8$ 的线性方程组：

$$\begin{cases} N_1 - N_3 = 0, \\ N_2 + N_4 = G_1, \\ (L_1\sin\theta_1)N_3 + (L_1\cos\theta_1)N_4 = \left(\frac{1}{2}L_1\cos\theta_1\right)G_1, \\ N_5 - N_7 = 0, \\ N_6 - N_8 = G_2, \\ (L_2\sin\theta_2)N_7 - (L_2\cos\theta_2)N_8 = \left(\frac{1}{2}L_2\cos\theta_2\right)G_2, \\ N_3 - N_7 = 0, \\ N_4 - N_8 = 0. \end{cases} \tag{2-5-1}$$

写出线性方程组(2-5-1)对应的矩阵方程

$$\boldsymbol{AX} = \boldsymbol{B},$$

其中 $\boldsymbol{A}$ 为系数矩阵，$\boldsymbol{B}$ 为常数项构成的矩阵，则

$$\boldsymbol{X} = \boldsymbol{A}^{-1}\boldsymbol{B}.$$

三、实验示例

例　在图 2-5-1 所示的双杆系统中，基于上述假设和受力分析，若已知杆 1 的重力为 $G_1 = 200$ N，长度为 $L_1 = 2$ m，与水平方向的夹角为 $\theta_1 = \frac{\pi}{6}$，杆 2 的重力为 $G_2 = 100$ N，长度为 $L_2 = \sqrt{2}$ m，与水平方向的夹角为 $\theta_2 = \frac{\pi}{4}$，求 $N_1, N_2, \cdots, N_8$.

解 命令行窗口输入：

```
>> G1 = 200; L1 = 2; theta1 = pi/6; G2 = 100; L2 = sqrt(2); theta2 = pi/4;
>> A = [1,0,-1,0,0,0,0,0;0,1,0,1,0,0,0,0;0,0,L1*sin(theta1),
       L1*cos(theta1),0,0,0,0;0,0,0,0,1,0,-1,0;0,0,0,0,0,
       1,0,-1;0,0,0,0,0,0,L2*sin(theta2),-L2*cos(theta2);
       0,0,1,0,0,0,-1,0;0,0,0,1,0,0,0,-1];
>> B = [0;G1;0.5*L1*cos(theta1)*G1;0;G2;0.5*L2*cos(theta2)
        *G2;0;0];
>> X = A\B;
>> X'
```

输出结果：

```
ans =
      95.0962   154.9038   95.0962   45.0962   95.0962   145.0962
      95.0962   45.0962
```

上述输出结果依次对应 $N_1, N_2, \cdots, N_8$ 的值，单位为 N，其中没有出现负值，说明图 2-5-2 中假设的各力的方向与事实一致；如果结果中出现负值，则说明相应力的实际方向与图 2-5-2 中所示方向相反.

练　习

如图 2-5-3 所示，一个平面结构有 13 根梁（图中标号的线段）和 8 个铰接点（图中标号的圈）联结在一起，其中 1 号铰接点完全固定，8 号铰接点竖直方向固定，并在 2 号、5 号和 6 号铰接点上分别有 10 t、15 t 和 20 t 的负载. 在静平衡的条件下，任何一个铰接点上水平和竖直方向受力都是平衡的，且已知每根斜梁与水平线的交角都是 45°.

(1) 分析各铰接点的受力情况，建立模型；

(2) 确定每根梁的受力情况.

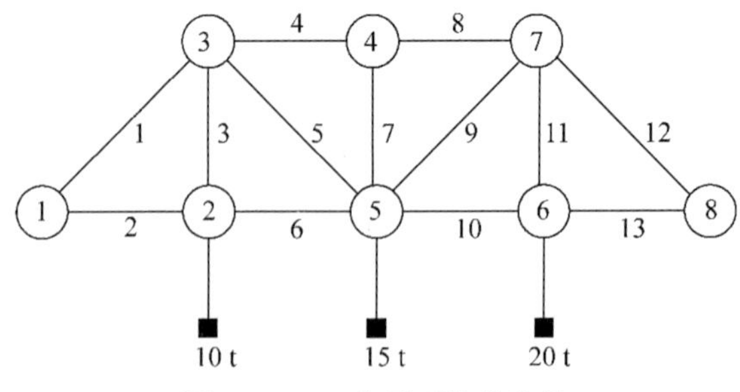

图 2-5-3　一个平面结构的梁

实验六　减肥配方问题

一、实验背景和目的

减肥以减少人体过度的脂肪为目的的行为方式，适度减肥可降低患肥胖症的风险，也可提高有肥胖并发症的患者的健康水平．市场上有各类不同的减肥产品，需谨慎选择，采用科学、正确的减肥方法．本实验通过判别向量组的线性相关性以及求极大线性无关组来选择减肥配方，以此加深学生对知识的理解，提升学生知识应用的灵活性，实现深度教学和深度学习．

二、相关函数

rref(A)：求矩阵 A 的行最简形矩阵．

三、实验理论与方法

对于是否可以用若干种食物来代替某减肥产品的问题，可以考虑分别用向量来表示减肥产品及各食物中营养成分的含量，再借助向量组的线性相关性和极大线性无关组来解决．

四、实验示例

例　市场上流行的一种减肥产品是细胞营养粉，其营养成分对比如表 2-6-1 所示．考虑问题：能否将脱脂牛奶、大豆面粉、乳清这三种食物混合代替细胞营养粉？若能代替，这三种食物混合的占比为多少？

表 2-6-1　营养成分对比表　（单位：g）

营养成分	减肥要求的日营养量	每 100 g 产品或食物中营养成分的含量			
		细胞营养粉	脱脂牛奶	大豆面粉	乳清
蛋白质	33	40	36	51	13
碳水化合物	45	52	52	34	74
脂肪	3	3.2	0	7	1.1

解 考虑分别用向量来表示每 100 g 脱脂牛奶、大豆面粉、乳清、细胞营养粉中蛋白质、碳水化合物、脂肪的含量，得到四个列向量 $\boldsymbol{a}_1,\boldsymbol{a}_2,\boldsymbol{a}_3,\boldsymbol{a}_4$. 用这四个列向量组成的向量组的线性相关性来判别是否可以代替.

由表 2-6-1 知

$$\boldsymbol{a}_1=\begin{pmatrix}36\\52\\0\end{pmatrix},\quad \boldsymbol{a}_2=\begin{pmatrix}51\\34\\7\end{pmatrix},\quad \boldsymbol{a}_3=\begin{pmatrix}13\\74\\1.1\end{pmatrix},\quad \boldsymbol{a}_4=\begin{pmatrix}40\\52\\3.2\end{pmatrix}.$$

若向量组 $\boldsymbol{a}_1,\boldsymbol{a}_2,\boldsymbol{a}_3$ 线性无关，而向量组 $\boldsymbol{a}_1,\boldsymbol{a}_2,\boldsymbol{a}_3,\boldsymbol{a}_4$ 线性相关，则可由脱脂牛奶、大豆面粉、乳清这三种食物混合代替细胞营养粉，且向量 $\boldsymbol{a}_4$ 由向量组 $\boldsymbol{a}_1,\boldsymbol{a}_2,\boldsymbol{a}_3$ 线性表示的系数比就是它们对应的这三种食物混合的占比.

下面判别向量组 $\boldsymbol{a}_1,\boldsymbol{a}_2,\boldsymbol{a}_3,\boldsymbol{a}_4$ 的线性相关性.

在命令行窗口输入：

```
>> a1 = [36;52;0];
>> a2 = [51;34;7];
>> a3 = [13;74;1.1];
>> a4 = [40;52;3.2];
>> A = [a1,a2,a3,a4];
>> A0 = rref(A)
```

运行结果：

```
A0 =
    1.0000         0         0    0.4356
         0    1.0000         0    0.4255
         0         0    1.0000    0.2010
```

从上面运行结果给出的行最简形矩阵可以看出，向量组 $\boldsymbol{a}_1,\boldsymbol{a}_2,\boldsymbol{a}_3,\boldsymbol{a}_4$ 是线性相关的，且向量组 $\boldsymbol{a}_1,\boldsymbol{a}_2,\boldsymbol{a}_3$ 线性无关，故可由脱脂牛奶、大豆面粉、乳清这三种食物混合代替细胞营养粉. 又知 $\boldsymbol{a}_1,\boldsymbol{a}_2,\boldsymbol{a}_3$ 是一个极大线性无关组，且

$$\boldsymbol{a}_4\approx 0.4356\boldsymbol{a}_1+0.4255\boldsymbol{a}_2+0.2010\boldsymbol{a}_3,$$

所以脱脂牛奶、大豆面粉、乳清这三种食物混合的占比约为

$$0.4356:0.4255:0.2010.$$

练　习

混凝土配方问题 某个混凝土生产企业可以生产出三种不同型号的混凝土，它们的具体配方见表 2-6-2.

表 2-6-2　混凝土配方表　（单位：kg）

材料	混凝土		
	型号 1	型号 2	型号 3
水	10	10	10
水泥	22	26	18
沙	32	31	29
石子	53	64	50
粉炭灰	0	5	8

（1）分析是否可以用这三种混凝土中的两种配出第三种.

（2）现在有甲、乙两个用户要求混凝土中水、水泥、沙、石子、粉炭灰的占比分别为 24∶52∶73∶133∶12 和 36∶75∶100∶185∶20，能否用这三种混凝土分别配出满足甲和乙要求的混凝土？

实验七　模糊问题的定量分析

一、实验背景和目的

现实生活中许多问题都具有模糊性.例如,企业在招聘时需要从多方面对应聘人员进行面试,并根据面试情况综合考虑,择优录取.为了减少情感因素对面试结果的影响,体现面试的公平性,需要对这一模糊问题做合理的定量分析.本实验通过应用特征值与特征向量解决这一模糊问题,从而培养学生理论联系实际,应用数学知识解决模糊问题的能力.

二、相关函数

(1) [D,V]=eig(A):求矩阵 A 的全部特征值,由它们构成对角矩阵 V;并求对应的特征向量,由它们构成矩阵 D 的列向量.

(2) d=ones(M,N):生成所有元素均为 1 的 M×N 矩阵 d.

三、实验理论与方法

设经过初试,企业在众多应聘人员中选取一些人参加面试,面试包括知识面、理解能力、应变能力、表达能力四个评价准则.企业招聘小组应如何根据面试情况择优录取若干应聘人员?

对此模糊问题,进行定量分析的具体步骤如下:

步骤 1　根据四个评价准则的重要性进行两两比较,并列出比较矩阵;

步骤 2　通过求比较矩阵的特征值与特征向量,给四个评价准则赋权;

步骤 3　根据评价准则进行等级评分;

步骤 4　对等级评分加权求和;

步骤 5　对加权求和结果进行排序,择优录取.

按照招聘决策,面试时对应聘人员进行综合评价:

$$y = w_1x_1 + w_2x_2 + w_3x_3 + w_4x_4, \tag{2-7-1}$$

其中 y 为应聘人员的综合评价分数,x_1,x_2,x_3,x_4 依次为招聘小组对应聘人员在知识面、理解能力、应变能力、表达能力四个评价准则上的评价分数,w_1,w_2,w_3,w_4 依次为这四个评价准则的权重.这里评价准则的权重可以由招聘小组对评价准则做两两比较得到的比较矩阵的最大特征值及其对应的一个正特征向量(分量均为正数的特征向量)来确定.

四、实验示例

例　在上述企业招聘的模糊问题中，设面试时招聘小组对五位应聘人员的等级评分如表 2-7-1 所示，其中等级评分赋值为 e1＝0.5 分，e2＝0.3 分，e3＝0.15 分，e4＝0.05 分. 假设针对面试的四个评价准则，招聘小组经过两两比较，得出如表 2-7-2 所示的结果，其中第一行与第二列交叉处的数 2 表示知识面与理解能力对"招聘满意的员工"这个目标来说的重要之比是 2(知识面比理解能力稍微重要)，而第二行与第一列交叉处的数 1/2 则表示理解能力与知识面对"招聘满意的员工"这个目标来说的重要之比是 1/2(理解能力比知识面稍微不重要)，其他数可做类似理解. 若需录取两人，招聘小组应如何录取？

表 2-7-1　招聘小组对应聘人员的等级评分

应聘人员	评价准则			
人员 1	知识面	理解能力	应变能力	表达能力
人员 2	e1	e2	e1	e3
人员 3	e2	e1	e4	e3
人员 4	e1	e2	e2	e2
人员 5	e2	e1	e2	e4

表 2-7-2　招聘决策的两两比较表

	知识面	理解能力	应变能力	表达能力
知识面	1	2	5	5
理解能力	1/2	1	7	3
应变能力	1/5	1/7	1	1/2
表达能力	1/5	1/3	2	1

解　由表 2-7-2 得到一个 4 阶的比较矩阵

$$\boldsymbol{A} = \begin{pmatrix} 1 & 2 & 5 & 5 \\ 1/2 & 1 & 7 & 3 \\ 1/5 & 1/7 & 1 & 1/2 \\ 1/5 & 1/3 & 2 & 1 \end{pmatrix}.$$

通常称 $\boldsymbol{A}$ 这样的矩阵为**正互反矩阵**.

可以证明，对于任意正互反矩阵 $\boldsymbol{D}$，一定存在一个最大的正特征值 $\lambda_{\max}$，并且齐次线性方程组 $(\lambda_{\max}\boldsymbol{I}-\boldsymbol{D})\boldsymbol{X}=\boldsymbol{0}$ 的基础解系所含解的个数为 1，$\boldsymbol{D}$ 一定存在一个正特征向量.

下面利用比较矩阵 $\boldsymbol{A}$ 的特征值与特征向量来对四个准则进行合理赋权.

利用 MATLAB 代码 7-1 求比较矩阵 $\boldsymbol{A}$ 的最大特征值及其相应的一个正特征向量，运行结果如下：

```
D =
   -0.8122              0.8671              0.8671   -0.2394
   -0.5447   -0.2582 + 0.4027i   -0.2582 - 0.4027i   -0.8622
   -0.1064   -0.0450 - 0.1110i   -0.0450 + 0.1110i   -0.0513
   -0.1795   -0.0351 + 0.0616i   -0.0351 - 0.0616i    0.4435
V =
   4.1016                    0                    0         0
        0   -0.0570 + 0.6441i                    0         0
        0                    0   -0.0570 - 0.6441i         0
        0                    0                    0    0.0125
c =
   0.8122
   0.5447
   0.1064
   0.1795
x =
   1.6428
W =
   0.4944
   0.3316
   0.0648
   0.1093
```

可见，比较矩阵 $\boldsymbol{A}$ 的近似最大特征值为 4.1016，求得相应的一个近似正特征向量 $\boldsymbol{C}=(0.8122,0.5447,0.1064,0.1795)'$，其四个分量之和为 $x=1.6428$. 于是，四个准则相应的权重可分别取为如下向量的分量：

$$\boldsymbol{W}=\frac{1}{x}\boldsymbol{C}\approx(0.4944,0.3316,0.0648,0.1093)',$$

即可取知识面、理解能力、应变能力和表达能力的权重依次为

$$w_1=0.4944,\quad w_2=0.3316,\quad w_3=0.0648,\quad w_4=0.1093.$$

现在计算应聘人员综合评价的分数.

由表 2-7-1 可得到各应聘人员的得分矩阵为

$$
\boldsymbol{B}=\begin{pmatrix}0.3 & 0.3 & 0.15 & 0.5\\ 0.5 & 0.3 & 0.5 & 0.15\\ 0.3 & 0.5 & 0.05 & 0.15\\ 0.5 & 0.3 & 0.3 & 0.3\\ 0.3 & 0.5 & 0.3 & 0.05\end{pmatrix}.
$$

对于应聘人员 1,有

$$
x_1=0.3,\quad x_2=0.3,\quad x_3=0.15,\quad x_4=0.5.
$$

按照计算公式(2-7-1),可以求出各应聘人员的综合评价分数,具体实现的程序代码见 MATLAB 代码 7-2,运行结果如下:

```
Y =

    0.3122
    0.3955
    0.3338
    0.3989
    0.3390
```

可见,各应聘人员的综合评价分数依次为

$$
y_1\approx 0.3122,\quad y_2\approx 0.3955,\quad y_3\approx 0.3338,\quad y_4\approx 0.3989,\quad y_5\approx 0.3390.
$$

观察计算结果发现,应聘人员按综合评价分数由高到低排序如下:人员 4,人员 2,人员 5,人员 3,人员 1.根据事前确定的知识面、理解能力、应变能力、表达能力四个评价准则,应录取人员 2 和人员 4.

练　习

暑假期间,张三、李四、王五、赵六四位同学相约外出旅游.经过讨论,他们初步选择了苏州、杭州、天津、北京四个城市.请你按照景色、费用、饮食、居住、旅途五个评价准则为他们选择一个合适的旅游城市.

附录 MATLAB 代码

MATLAB 代码 7-1

```
%求各评价准则的权重
A=[1 2 5 5;1/2 1 7 3;1/5 1/7 1 1/2;1/5 1/3 2 1];
[D,V]=eig(A)
c=(-1)*D(:,1)
d=ones(1,4);
x=d*c
W=(1/x)*c
```

MATLAB 代码 7-2

```
%计算每位应聘人员的综合评价分数
B=[0.3 0.3 0.15 0.5;0.5 0.3 0.5 0.15;0.3 0.5 0.05 0.15;0.5 0.3 0.3 0.3;0.3
   0.5 0.3 0.05];
W=[0.4944 0.3316 0.0648 0.1093]';
y=B*W
```

实验八　数据的基本统计分析

一、实验背景和目的

数据分析指的是对大量数据用适当的统计分析方法进行分析，并进行汇总和理解加以消化，以便最大化地开发数据的功能，发挥其作用. 数据分析的目的是对数据加以细致研究和概括总结，获取有用的信息和形成结论. 数据分析的数学基础在 20 世纪初期就已经确立，计算机的出现为实际操作提供了便利，数据分析最终得以推广. 因此，可以说数据分析是数学与计算机科学相结合的产物. 本实验主要介绍了统计作图的基本操作及几种常用统计量的计算，以加深学生对均值、方差、中位数等常见统计量的理解.

二、相关函数

(1) [n,y] = hist(x,k)：给出样本数据 x 的频数表，即将区间[min(x),max(x)]等分为 k 份(k 缺省时默认为 10)，其中 n 表示 k 个小区间的频数，y 表示 k 个小区间的中点. hist(x,k)用于描绘样本数据 x 的频率直方图.

(2) [h,stats] =cdfplot(x)：给出样本数据 x 的累积分布函数图，同时在 stats 中给出样本数据的一些特征，比如最小值、最大值、平均值、中位数和标准差. cdfplot(x)则只给出样本数据 x 的累积分布函数图.

(3) mean(x)：求样本数据 x 的均值.

(4) median(x)：求样本数据 x 的中位数.

(5) std(x)：求样本数据 x 的标准差.

(6) range(x)：求样本数据 x 的极差.

(7) skewness(x)：求样本数据 x 的偏度.

(8) kurtosis(x)：求样本数据 x 的峰度.

三、实验理论与方法

1. 频数表和频率直方图

一组样本数据(观察值)，虽然包含了总体的信息，但往往是杂乱无章的，作出频数表和直方图，可以看作对这组数据的一个初步整理和直观描述. 将一组数据的取值范围划分为若干区间，然后统计这组数据在每个区间中出现的次数(称为频数)，由此得到一个

频数表. 以一组数据的取值为横坐标,频数为纵坐标,画出一个条形图就是这组数据的**频率直方图**.

2. 经验分布函数图

设 $x_1, x_2, \cdots, x_n$ 是总体 X 的一个容量为 n 的样本观察值. 将 $x_1, x_2, \cdots, x_n$ 按自小到大的次序排列,并重新编号,设为 $x_{(1)} \leqslant x_{(2)} \leqslant \cdots \leqslant x_{(n)}$. 记

$$F_n(x) = \begin{cases} 0, & x < x_{(1)}, \\ \dfrac{k}{n}, & x_{(k)} \leqslant x < x_{(k+1)},\ k = 1,2,\cdots,n-1, \\ 1, & x \geqslant x_{(n)}, \end{cases}$$

称 $F_n(x)$ 为总体 X 的**经验分布函数**,它的图形即为经验分布函数图.

3. 几种常见的统计量

(1) **算术平均值**(简称**均值**): $\overline{X} = \dfrac{1}{n}\sum\limits_{i=1}^{n} X_i$. 它与中位数不同,中位数是将数据由小到大排序后位于中间位置的那个数据.

(2) **标准差**: $S = \left[\dfrac{1}{n-1}\sum\limits_{i=1}^{n}(X_i - \overline{X})^2\right]^{\frac{1}{2}}$, 它是各数据与均值偏离程度的度量. 方差是标准差的平方,记为 S^2.

(3) **偏度**: $g_1 = \dfrac{1}{S^3}\sum\limits_{i=1}^{n}(X_i - \overline{X})^3$, 它是反映数据分布对称性的指标. 当 $g_1 > 0$ 时,称数据分布是**右偏态**的,此时位于均值右边的数据比位于左边的数据多;当 $g_1 < 0$ 时,称数据分布是**左偏态**的,此时位于均值右边的数据比位于左边的数据少;而 g_1 接近于 0 时,可认为数据分布是对称的.

(4) **峰度**: $g_2 = \dfrac{1}{S^4}\sum\limits_{i=1}^{n}(X_i - \overline{X})^4$, 它是数据分布形状的另一种度量. 正态分布的峰度为 3,若 g_2 比 3 大得多,表示数据分布有沉重的"尾巴",说明数据中含有较多远离均值的数据,因而峰度可以用作衡量数据偏离正态分布的尺度之一.

将样本的观察值 $x_1, x_2, \cdots, x_n$ 代入以上各统计量,可求得对应统计量的观察值.

四、实验示例

例 1 读取指定路径下 Excel 文件中 100 名中学生的身高数据,并对这些数据绘制直方图,求均值、中位数、标准差、极差、偏度和峰度.

解 在命令行窗口输入:

```
>>X = xlsread('C:\Users\Administrator\Desktop\1.xls','A1:A100');
>>[n,y] = hist(X)
```

运行结果：

```
n =
  2   3   11   24   20   18   14   4   2   2
y =
  157.5000  160.5000  163.5000  166.5000  169.5000  172.5000
  175.5000  178.5000  181.5000  184.5000
```

在命令行窗口输入：

```
>>hist(X)
```

运行结果如图 2-8-1 所示.

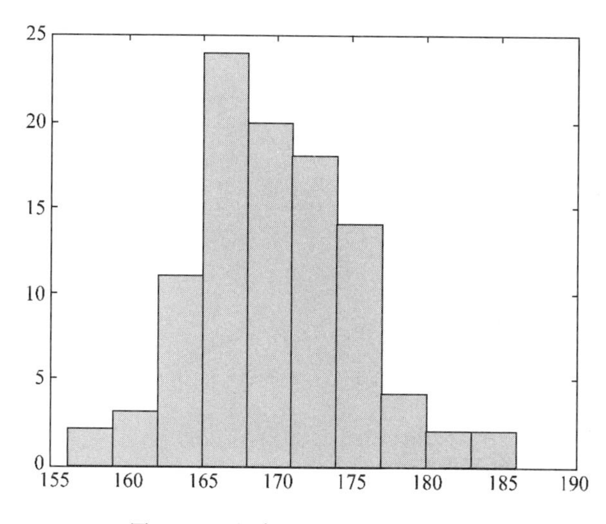

图 2-8-1　所读取数据的频率直方图

在命令行窗口输入：

```
>>x1 = mean(X)
```

运行结果：

```
x1 =
   170.2300
```

在命令行窗口输入：

```
>>x2 = median(X)
```

运行结果：

```
x2 =
   169
```

在命令行窗口输入：

```
>>x3 = std(X)
```

运行结果：

```
x3 =
     5.3708
```

在命令行窗口输入：

```
>>x4 = range(X)
```

运行结果：

```
x4 =
     30
```

在命令行窗口输入：

```
>>x5 = skewness(X)
```

运行结果：

```
x5 =
     0.3005
```

在命令行窗口输入：

```
>>x6 = kurtosis(X)
```

运行结果：

```
x6 =
     3.4071
```

例 2 生成 100 个服从标准正态分布的随机数，指出它们的分布特征，并画出经验分布函数图.

解 在命令行窗口输入：

```
>>x = normrnd(0,1,1,100);
>>[h,stats] = cdfplot(x)
```

运行结果：

```
h =
   174.0052
stats =
        min: -2.1384
        max: 2.9080
        mean: -0.0959
        median: -0.1933
        std: 1.0617
```

以及如图 2-8-2 所示.

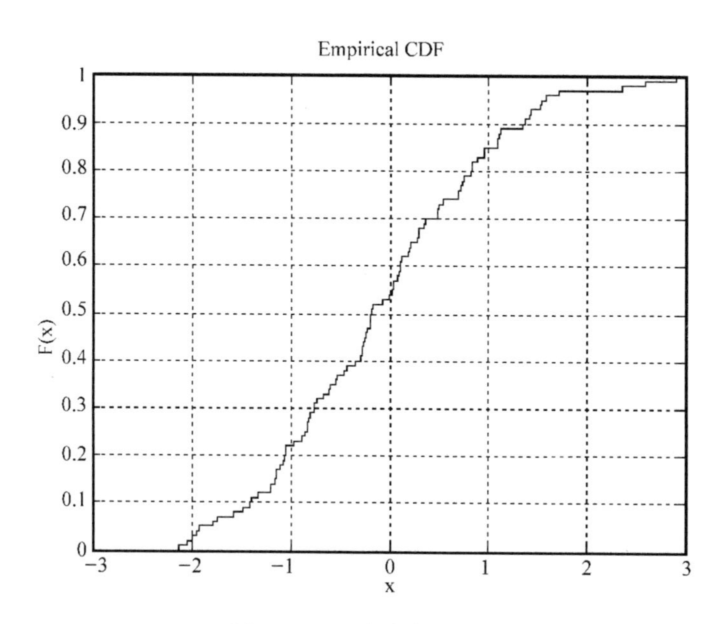

图 2-8-2　经验分布函数图

练　　习

1. 某软件公司高层管理人员的年薪数据(单位：万元)如下：

35.5，39.5，37.5，36.5，38.5，38.5，39.5，40.5，34.0，41.0，

37.5，37.0，37.0，35.0，36.0，37.5，37.5，39.0，36.5，38.5.

绘制这些数据的直方图,确定其均值、中位数、标准差、极差、偏度和峰度.

2. 在 Excel 中随机生成 200 个较为符合正态分布的数据并存于指定路径;读取此路径下 Excel 文件的 200 个数据,对这 200 个数据进行如下操作：绘制直方图,求均值、中位数、标准差、极差、偏度和峰度.

3. 表 2-8-1 是甲、乙两个学习小组中 20 名学生高等数学的平时成绩. 问：哪个学习小组的平均成绩高,哪个学习小组的平均成绩更稳定?

表 2-8-1　高等数学的平时成绩　　(单位：分)

甲学习小组	8.4	9.4	8.9	9.0	8.8	8.7	8.8	9.3	9.0	7.5
乙学习小组	8.4	9.3	9.1	8.5	9.1	8.8	8.7	7.5	7.3	8.4

4. 一家超市收到甲、乙两个厂送来的品质基本相同的食盐各 10 包,其质量分别如表 2-8-2 所示. 问：该超市应当选择哪个厂的食盐?

表 2-8-2　食盐质量的数据表　（单位：g）

甲厂	501	498	499	500	502	500	500	501	499	498
乙厂	499	502	500	501	499	501	503	500	500	497

实验九　概率分布与参数估计

一、实验背景和目的

人们往往需要从已经获得的数据出发，分析或推断数据所反映的本质规律，也就是做统计推断——根据样本数据选择合适的统计量来推断总体的分布或总体的数字特征．统计推断是数理统计学研究中较为核心的问题，是数理统计学的一个重要分支，可分为点估计和区间估计两部分．本实验通过图形比较让学生了解几种常见分布的分布特点；通过求参数的点估计和置信区间，加深学生对参数估计基本概念和基本思想的理解．

二、相关函数

（1）几种常见分布的密度函数与分布函数如表 2-9-1 所示．

表 2-9-1　几种常见分布的密度函数与分布函数

分布名	分布函数	密度函数
二项分布	binocdf(x,n,p)	binopdf(x,n,p)
泊松分布	poisscdf(x,λ)	poisspdf(x,λ)
均匀分布	unifcdf(a,b)	unifpdf(a,b)
指数分布	expcdf(x,λ^{-1})	exppdf(x,λ^{-1})
正态分布	normcdf(x,μ,σ)	normpdf(x,μ,σ)
χ^2 分布	chi2cdf(x,n)	chi2pdf(x,n)
t 分布	tcdf(x,n)	tpdf(x,n)
F 分布	fcdf(x,n,m)	fpdf(x,n,m)

（2）[mu,sigma,muci,sigmaci]=normfit(x,alpha)：返回正态总体均值和标准差的点估计 mu 和 sigma，以及总体均值和标准差的区间估计 muci 和 sigmaci，其中 x 为样本数据（向量或矩阵），alpha 为显著性水平（alpha 缺省时设定为 0.05），当 x 为矩阵时返回行向量．

（3）[lamda,lamdaci]=poissfit(x)：返回泊松分布总体均值 λ 的点估计 lamda（极大似然估计）和泊松分布总体均值 λ 的区间估计 lamdaci，其中 x 为样本数据，默认置信水平为 0.95．

三、实验理论与方法

1. 概率分布

(1) 计算五种常见分布(泊松分布、二项分布、均匀分布、指数分布和正态分布)以及三种统计分布(t 分布、F 分布和 χ^2 分布)的分布函数和密度函数的函数值,并利用它们进行概率的计算,求这些分布的均值和方差等数字特征.

(2) 绘制上述分布的图形(分布函数或密度函数的图形),并对不同参数的同类分布图形进行比较,如对不同常数的正态分布图形进行比较,对不同自由度的统计分布图形进行比较.

2. 参数估计

对于正态总体,当 σ^2 未知时,可用命令

```
[mu,sigma,muci,sigmaci] = normfit(x,alpha)
```

来做总体均值 μ 和标准差 σ 的点估计与区间估计.

当 σ^2 已知时,均值 μ 的置信水平为 $1-\alpha$ 的置信区间为

$$\left[\overline{x}-z_{1-\alpha/2}\frac{\sigma}{\sqrt{n}},\overline{x}+z_{1-\alpha/2}\frac{\sigma}{\sqrt{n}}\right],$$

其中 z_α 为标准正态分布的下 α 分位点. 由此可得求均值 μ 的置信水平为 $1-\alpha$ 的置信区间的命令

```
[mean(x) - norminv(1 - α/2) * σ/sqrt(n),mean(x)
  + norminv(1 - α/2) * σ/sqrt(n)]
```

其中 x 为样本数据.

对于泊松分布,可用命令

```
[lamda,lamdaci] = poissfit(x)
```

来做总体均值 λ 的点估计和区间估计.

四、实验示例

例 1 常见分布作图及比较:

(1) t 分布和标准正态分布的比较;

(2) 方差相等而均值不相等的正态分布的比较;

(3) 均值相等而方差不相等的正态分布的比较;

(4) 不同自由度的 χ^2 分布的比较.

解 (1) 在命令行窗口输入:

```
>> x = - 3:0.01:3;
>> y1 = tpdf(x,1);y2 = tpdf(x,10);y3 = normpdf(x,0,1);
```

```
>> plot(x,y1,x,y2,x,y3)
```

运行结果如图 2-9-1 所示.

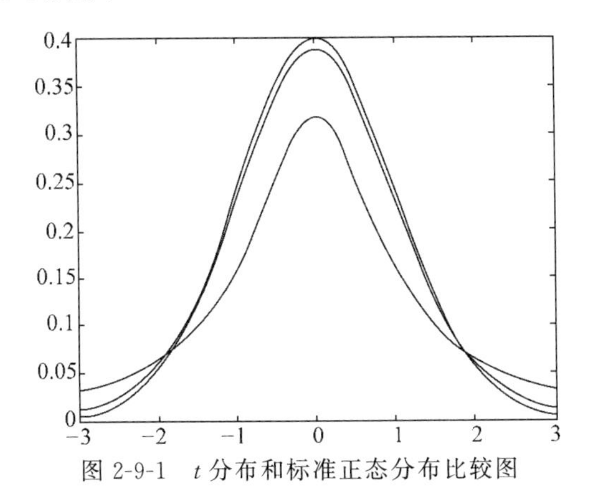

图 2-9-1　t 分布和标准正态分布比较图

图 2-9-1 给了自由度分别为 1,10 的 t 分布及标准正态分布密度函数的图形,从中可以看出 t 分布及标准正态分布密度函数的图形都是关于 $x=0$ 对称的;自由度越大,t 分布密度函数的图形越接近于标准正态分布密度函数的图形.

(2) 在命令行窗口输入:

```
>>x = -15:0.01:15;
>> y1 = normpdf(x,1,4);
>> y2 = normpdf(x,2,4);
>> y3 = normpdf(x,3,4);
>> plot(x,y1,x,y2,x,y3)
```

运行结果如图 2-9-2 所示.

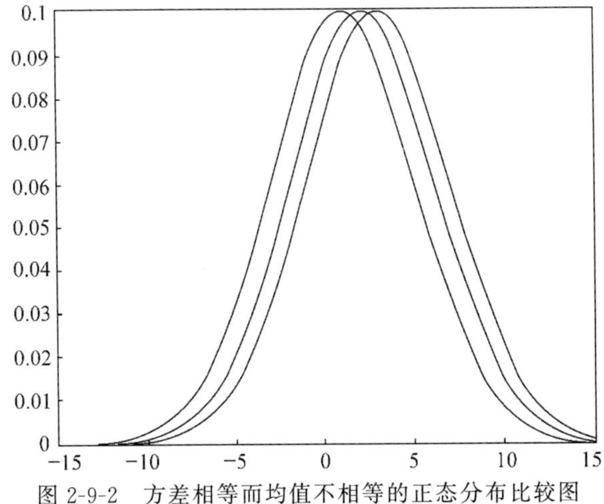

图 2-9-2　方差相等而均值不相等的正态分布比较图

图 2-9-2 给出了方差为 4 而均值分别为 1,2,3 的正态分布密度函数图形,从图中可以看出,这三个图形的形状一样,而对称轴不一样,即在一个正态分布中,均值决定其密度函数图形的对称轴,而方差决定其密度函数图形的形状.

(3) 在命令行窗口输入:

```
>>x = -15:0.01:15;
>>y1 = normpdf(x,2,4);
>>y2 = normpdf(x,2,6);
>>y3 = normpdf(x,2,8);
>>plot(x,y1,x,y2,x,y3)
```

运行结果如图 2-9-3 所示.

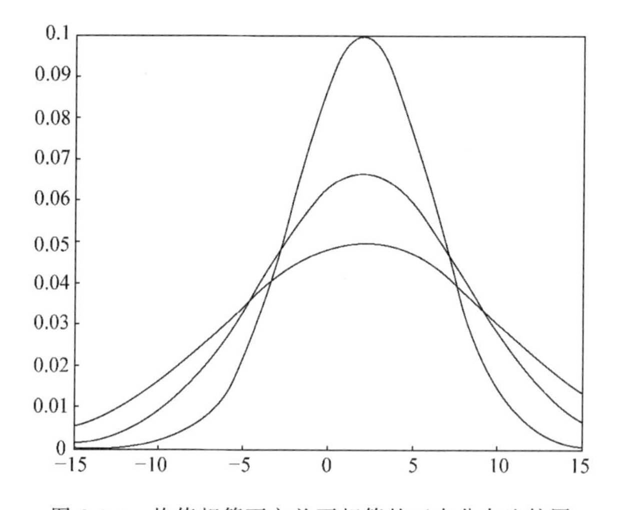

图 2-9-3 均值相等而方差不相等的正态分布比较图

图 2-9-3 给出了均值为 2 而方差分别为 4,6,8 的正态分布密度函数图形,从图中可以看出这三个图形的对称轴都为 2,但是其形状不一样,具有较小方差的正态分布密度函数图形较为尖陡,具有较大方差的正态分布密度函数图形较为平缓.

(4) 在命令行窗口输入:

```
>> x = 0:0.1:20;
>> y1 = chi2pdf(x,1);
>> y2 = chi2pdf(x,6);
>> y3 = chi2pdf(x,14);
>> plot(x,y1,x,y2,x,y3)
```

运行结果如图 2-9-4 所示.

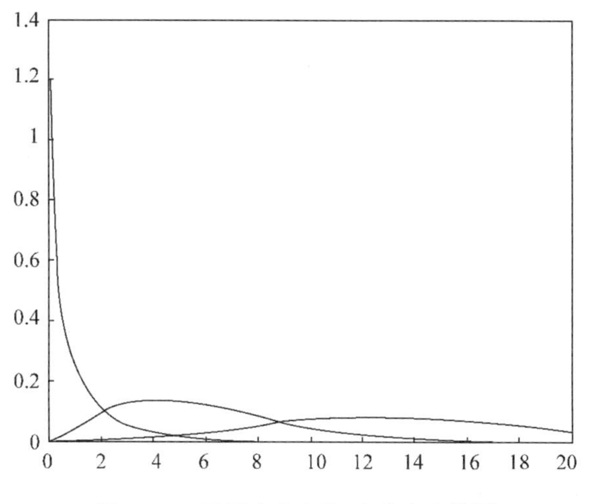

图 2-9-4　不同自由度的 χ^2 分布比较图

图 2-9-4 给出了自由度分别为 1,6,14 的 χ^2 分布密度函数图形,从图中可以看出,除自由度为 1 的 χ^2 分布外,χ^2 分布密度函数的图形先逐渐上升,达到最高点之后又逐渐下降,且自由度越大,达到最高点的横坐标越大.

例 2　已知某中学高三学生的高考成绩 $X \sim N(\mu,\sigma^2)$. 随机抽查该中学高三的 10 位学生,得高考成绩(单位: 分)如下:

483, 493, 458, 471, 515, 446, 455, 448, 399, 486.

试对下面两种情况以 0.95 的置信水平求该中学高三学生高考成绩均值 μ 的置信区间:

(1) σ^2 未知;　　(2) $\sigma^2 = 30^2$.

解　(1) 在命令行窗口输入:

```
>>x = [483,493,458,471,515,446,455,448,399,486];
>>[mu sigma muci sigmaci] = normfit(x)
```

运行结果:

```
mu =
    465.4000
sigma =
      32.0389
muci =
      442.4808
      488.3192
sigmaci =
        22.0375
        58.4905
```

从运行结果可知,当 σ^2 未知时,高考成绩均值 μ 的估计值为 465.4000 分,其置信水平为 0.95 的近似置信区间为[442.4808,488.3192](单位:分).

(2) 在命令行窗口输入:

```
>> x=[483,493,458,471,515,446,455,448,399,486];
>>muci=[mean(x)-norminv(0.975)*30/sqrt(10),mean(x)
        +norminv(0.975)*30/sqrt(10)]
```

运行结果:

```
muci=
      446.8061
      483.9939
```

从运行结果可知,当 σ^2 已知时,高考成绩均值 μ 的置信水平为 0.95 的近似置信区间为[446.8061,483.9939](单位:分).同(1)比较可得,在置信水平相同的条件下,利用方差得到的置信区间长度小于忽略方差得到的置信区间长度.

例 3 假定某品牌瓶装饮料的体积 $X \sim N(\mu,\sigma^2)$.从这种饮料中随机抽取 10 瓶,测得其体积(单位:mL)分别为

498,502,508,488,513,515,505,517,500,506.

求方差 σ^2 的估计值和置信水平为 0.90 的置信区间.

解 先在命令行窗口输入:

```
>>x=[498,502,508,488,513,515,505,517,500,506];
>>[mu sigma muci sigmaci]=normfit(x,0.10)
```

运行结果:

```
mu=
    505.2000
sigma=
      8.7534
muci=
      500.1258
      510.2742
sigmaci=
        6.3843
        14.4011
```

再在命令行窗口输入:

```
>>sigma^2
```

运行结果:

```
ans=
```

```
        76.6222
```

最后,在命令行窗口输入:

```
    >>sigmaci.^2
```

运行结果:

```
    ans =
        40.7590
        207.3915
```

从运行结果可知,σ^2 的估计值为 76.6222 mL^2,其置信水平为 0.90 的近似置信区间为[40.7590,207.3915](单位: mL^2).

练　习

1. 分别画出分布 $N(2,9)$,$N(4,9)$,$N(6,9)$的密度函数图形并进行比较.

2. 分别画出分布 $N(0,1)$,$N(0,4)$,$N(0,9)$的密度函数图形并进行比较

3. 分别画出分布 $F(2,5)$,$F(2,8)$,$F(2,12)$的密度函数图形并进行比较.

4. 分别画出分布 $F(3,5)$,$F(5,5)$,$F(8,5)$的密度函数图形并进行比较.

5. 某车间生产滚珠,已知其所生产滚珠的直径 $X\sim N(\mu,\sigma^2)$. 现从某一天生产的滚珠中随机地抽出 6 颗,测得其直径(单位: mm)如下:

$$14.6,\ 15.1,\ 14.9,\ 14.8,\ 15.2,\ 15.1.$$

试求:

(1) 当 σ^2 未知时,μ 的估计值和置信水平为 0.95 的置信区间;

(2) 当 $\sigma^2=10^2$ 时,μ 的置信水平为 0.95 的置信区间.

6. 设某种砖头的抗压强度 $X\sim N(\mu,\sigma^2)$(单位: $\mathrm{kg/cm^2}$). 今随机抽取 20 块这种砖头,测得其抗压强度(单位: $\mathrm{kg/cm^2}$)如下:

$$64,\ 69,\ 49,\ 92,\ 55,\ 97,\ 41,\ 84,\ 88,\ 99,$$
$$84,\ 66,\ 100,\ 98,\ 72,\ 74,\ 87,\ 84,\ 48,\ 81.$$

(1) 求 μ 的估计值和置信水平为 0.90 的置信区间;

(2) 求 σ^2 的估计值和置信水平为 0.90 的置信区间.

7. 某炸药制造厂一天中发生着火的次数 X 是一个随机变量,假设它服从以 λ 为参数的泊松分布,参数 λ 未知. 现有如表 2-9-2 所示的观察数据,试求 λ 的估计值(极大似然估计)和置信水平为 0.95 的置信区间.

表 2-9-2　某炸药制造厂发生着火的观察数据

着火的次数	0	1	2	3	4	5	6
发生着火的天数	75	90	54	22	6	2	1

实验十　多元函数的极值问题

一、实验背景和目的

在实际生产中，存在着很多需要解决的函数极值问题. 通常求解形式上复杂的多元函数的极值问题比较困难. 本实验通过求解多元函数极值问题的相关实例，让学生掌握多元函数偏导数与极值的求法以及多元函数的偏导数与极值在实际问题中的应用，同时培养学生分析问题与解决问题的能力.

二、相关函数

(1) diff(f,'x',n)：以 x 为自变量，对符号表达式 f(函数)求 n 阶导数. x 的缺省值为系统默认变量，n 的缺省值是 1.

(2) ezplot(f)：绘制符号表达式 f(函数)的图形. 在绘制含有符号变量的函数图形时，函数 ezplot 要比函数 plot 更方便，因为函数 plot 绘制图形时要指定自变量的范围，而函数 ezplot 无须数据准备，直接绘出图形.

(3) [A,B]=meshgrid(a,b)：复制网格向量 a 和 b，以生成一个完整的网格，其中 a，b 都是行向量. 该网格由输出坐标矩阵 A 和 B 表示，A 通过将 a 复制 length(b)−1 次得到，B 通过先对 b 进行转置得到 b′，再将 b′复制 length(a)−1 次得到. 输出矩阵的大小由网格向量的长度决定，为 length(b)×length(a).

(4) x=solve('eqn1','eqn2','eqnN',…,'var1','var2',…,'varN')：对方程(组)进行符号求解，其中 eqn1，eqn2，…，eqnN 分别为要求解的第 1，2，…，N 个方程，var1，var2，…，varN 分别为方程(组)的第 1，2，…，N 个变量.

(5) surfc(x,y,z)：创建一个三维曲面图形，其下方有等高线. 该函数将矩阵 z 中的值作为由 x 和 y 定义的平面网格上方的高度，曲面的颜色根据 z 指定的高度而变化.

(6) [FX,FY]= gradient(Z,dx,dy)：返回 Z 的二维数值梯度，其中 FX 为其水平方向上的梯度，FY 为其垂直方向上的梯，Z 为二阶矩阵，dx，dy 为自变量的微分.

(7) quiver(X,Y,FX,FY)，绘制由函数 gradient 生成的梯度场，其中 X，Y 表示绘制箭头的起始坐标，FX，FY 表示绘制箭头的方向坐标.

(8) contour(x,y,z,'可选项 s')：在平面上绘制函数 z=z(x,y)的等高线，s 可以取整数 n，表示要画等高线的条数，函数 contour 会根据 z 值的范围计算出平均分布的 n 个值，然后画出这 n 条对应的等高线；s 可以取向量 v，表示是一系列相等的 z 值，函数 contour 会根据 v 中的数值，画出这些数值对应的等高线.

(9) set(h,'ShowText','on','TextStep',get(h,'LevelStep') * n)：用于等高线的标注，其中 h：图形对象；ShowText：显示等高值标签命令，后面设置 on，就是打开显示标签；TextStep：标签的步长；LevelStep：等高线的步长；get(h,'LevelStep')：得到等高线步长的值；n：从第一条等高线开始，每隔 n－1 条给等高线贴上标签.

三、实验理论与方法

1. 求函数的极值

对于函数 $z=f(x,y)$ 的极值，根据函数极值的必要条件和充分条件，可按照以下步骤来求：

步骤 1　定义函数 $z=f(x,y)$.

步骤 2　求解方程组 $\begin{cases} f_x(x,y)=0, \\ f_y(x,y)=0, \end{cases}$ 得到驻点.

步骤 3　对于每个驻点，求出二阶偏导数 $A=\dfrac{\partial^2 z}{\partial x^2}, B=\dfrac{\partial^2 z}{\partial x \partial y}, C=\dfrac{\partial^2 z}{\partial y^2}$ 的值；

步骤 4　对于每个驻点，计算判别式 $AC-B^2$ 的值. 如果 $AC-B^2>0$，则该驻点是极值点，且当 $A>0$ 时为极小值点，当 $A<0$ 时为极大值点；如果 $AC-B^2=0$，则判别法失效，需进一步判断；如果 $AC-B^2<0$，则该驻点不是极值点. 求出极值点处的函数值就得到极值.

2. 求函数的最大值和最小值

设函数 $z=f(x,y)$ 在有界闭区域 D 上连续，则该函数在 D 上必定有最大值和最小值. 求该函数在 D 上的最大值和最小值的一般步骤如下：

步骤 1　求该函数在 D 内所有驻点处的值；

步骤 2　求该函数在 D 的边界上的最大值和最小值；

步骤 3　将上述各函数值进行比较，最终确定出在 D 上的最大值和最小值.

3. 求函数的条件极值

求函数的条件极值也就是求函数在一些特定约束条件下的极值. 利用拉格朗日(Lagrange)乘数法可将条件极值转化为无条件极值.

以上方法可推广到三元及三元以上函数的情形.

4. 等高线的描绘

函数 $z=f(x,y)$ 在空间一般表示的是一张曲面，这张曲面与平面 $z=c$ 的交线在 Oxy 平面上的投影曲线 $f(x,y)=c$ 称为 $z=f(x,y)$ 的一条**等高线**. 可以利用函数 contour 来绘制 $z=f(x,y)$ 的等高线.

5. 梯度场的描绘

在描绘函数 $z=f(x,y)$ 的梯度场时，通常先利用函数 gradient 求出其梯度，再利用函数 quiver 作出其梯度场.

6. 梯度线的描绘

设 L 为平面曲线. 如果 L 上任意一点处的切线与函数 $z=f(x,y)$ 在该点处的梯度位于同一直线上,则称 L 为 $z=f(x,y)$ 的**梯度线**.

我们以等步长的折线段来近似模拟函数的梯度线: 设步长为 λ,从点 $P_0(x_0,y_0)$ 出发,沿梯度方向前进 λ 得到点 $P_1(x_1,y_1)$,即

$$x_1 = x_0 + \lambda \frac{f_x(x_0,y_0)}{\sqrt{f_x^2(x_0,y_0)+f_y^2(x_0,y_0)}},$$

$$y_1 = y_0 + \lambda \frac{f_y(x_0,y_0)}{\sqrt{f_x^2(x_0,y_0)+f_y^2(x_0,y_0)}};$$

再从点 $P_1(x_1,y_1)$ 出发沿梯度线向前进 λ 得到点 $P_2(x_2,y_2)$;依次类推,得到一列点. 基于此点列,利用函数 plot 可作出梯度线.

四、实验示例

例 1 作出函数 $z=xe^{-x^2-y^2}$ 在闭区域 $-2\leqslant x\leqslant 2, -2\leqslant y\leqslant 3$ 上的等高线.

解 在命令行窗口输入:

```
>>[X,Y] = meshgrid(-2:.2:2,-2:.2:3);
>>Z = X.*exp(-X.^2-Y.^2);
>>[C,h] = contour(X,Y,Z);
>>set(h,'ShowText','on','TextStep',get(h,'LevelStep')*2)
>>colormap cool
```

运行结果如图 2-10-1 所示.

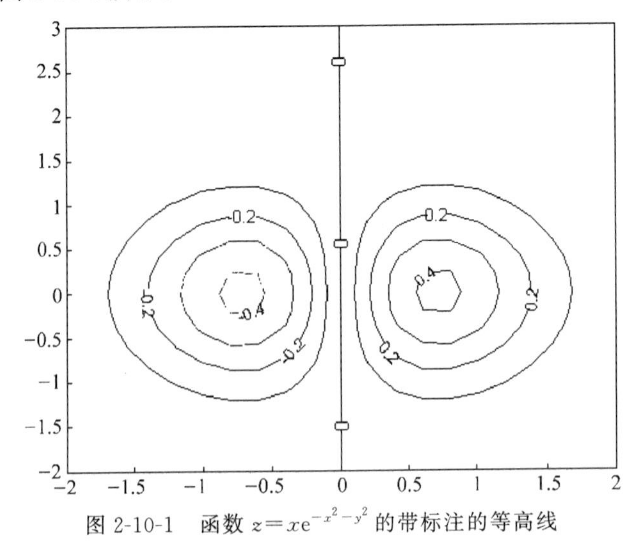

图 2-10-1 函数 $z=xe^{-x^2-y^2}$ 的带标注的等高线

例 2　设函数 $z=xye^{-(x^2+y^2)}$，作出该函数的曲面、梯度场和等高线.

解　(1) 利用函数 surfc 作 $z=xye^{-(x^2+y^2)}$ 的曲面，具体实现的程序代码见 MATLAB 代码 10-1，运行结果如图 2-10-2 所示.

(2) 利用函数 gradient 求 $z=xye^{-(x^2+y^2)}$ 的梯度，并利用函数 quiver 作出其图形，得到梯度场；同时用函数 contour 在同一坐标平面内绘制其二维等高线，而用函数 contour3 在另一坐标平面内绘制其三维等高线，具体实现的程序代码见 MATLAB 代码 10-2，运行结果如图 2-10-3 和图 2-10-4 所示.

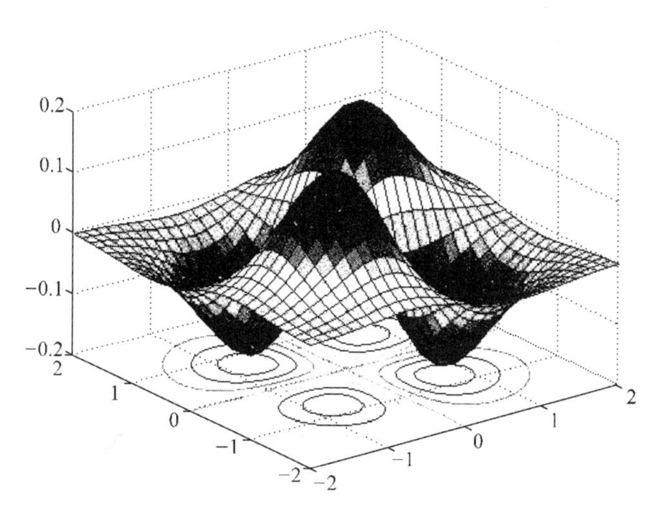

图 2-10-2　函数 $z=xye^{-(x^2+y^2)}$ 的曲面

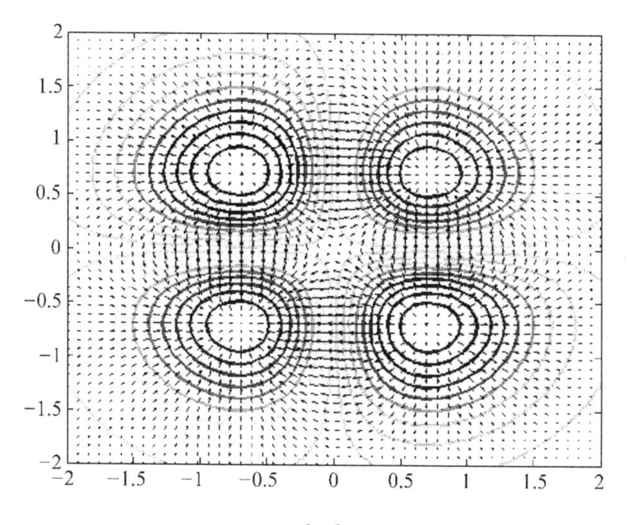

图 2-10-3　函数 $z=xye^{-(x^2+y^2)}$ 的梯度场与二维等高线

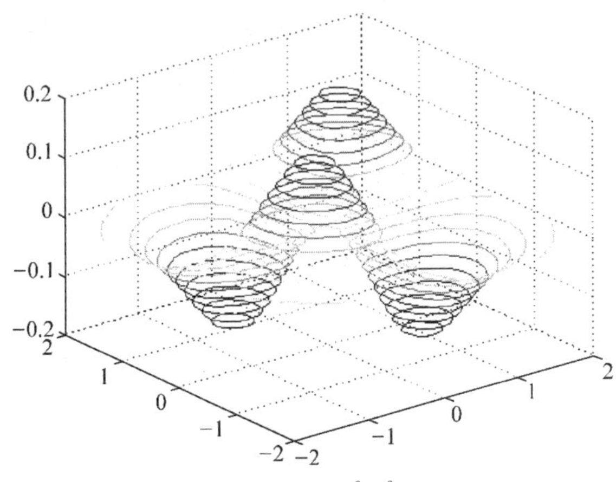

图 2-10-4 函数 $z=xye^{-(x^2+y^2)}$ 的三维等高线

例 3(鲨鱼袭击目标的前进途径) 海洋生物学家发现,当鲨鱼在海水中察觉到血液的存在时,就会沿着血液浓度增加最快的方向前进去寻找流血目标. 根据在海水中测试的结果,如果以流血目标所在位置作为原点在海面上建立直角坐标系,则在海面上点 $P(x,y)$ 处的血液浓度近似为 $f(x,y)=e^{-(x^2+2y^2)/10^4}$ (x,y 的单位为 m, $f(x,y)$ 的单位为百万分之一). 试确定鲨鱼袭击目标的前进途径.

解 可利用等高线和梯度线来确定鲨鱼袭击目标的前进途径.

(1) 利用函数 contour 作出函数 $f(x,y)$ 的等高线,具体实现的程序代码见 MATLAB 代码 10-3,运行结果如图 2-10-5 所示.

(2) 由题设条件和梯度的性质可知,鲨鱼袭击目标的前进途径即为函数 $f(x,y)$ 的梯度线,从而可作出鲨鱼袭击目标的前进途径,具体实现的程序代码见 MATLAB 代码 10-4,运行结果如图 2-10-6 所示.

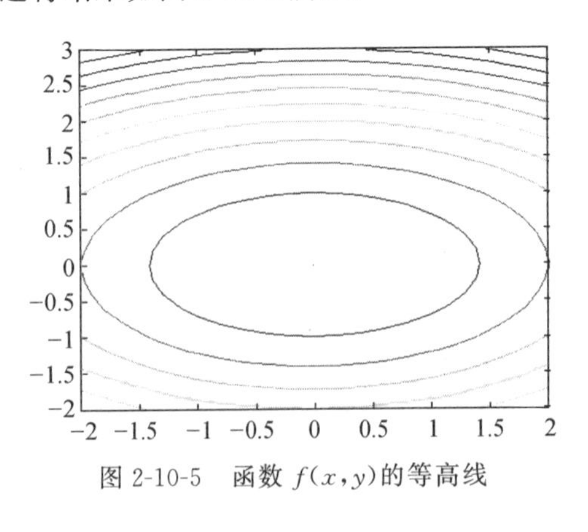

图 2-10-5 函数 $f(x,y)$ 的等高线

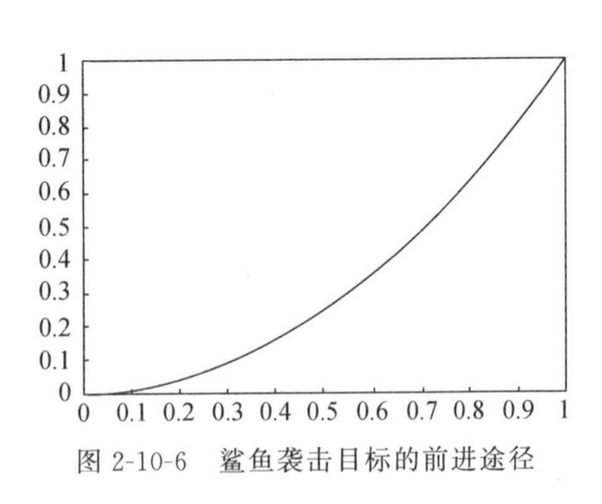

图 2-10-6 鲨鱼袭击目标的前进途径

(3) 利用命令 hold on 可把等高线和梯度线在同一直角坐标系中显示,见图 2-10-7,

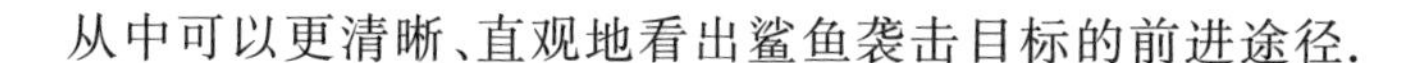

从中可以更清晰、直观地看出鲨鱼袭击目标的前进途径.

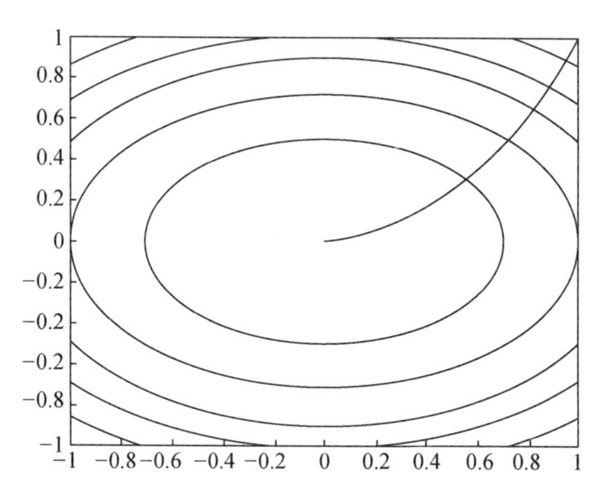

图 2-10-7　函数 $f(x,y)$的等高线和梯度线

例 4　求函数 $f(x,y)=x^3-y^3+3x^2+3y^2-9x$ 的极值点和极值.

解　这是无条件极值问题,可按照如下步骤来求解：

步骤 1　用函数 diff 求出函数 $f(x,y)$的一阶、二阶偏导数；

步骤 2　用函数 solve 求出函数 $f(x,y)$驻点；

步骤 3　分别判别每个驻点是否为极值点；

步骤 4　绘出函数 $f(x,y)$的曲面和等高线.

具体实现的程序代码见 MATLAB 代码 10-5,运行结果如下：

```
ans =
    3 * x^2 + 6 * x - 9
ans =
    - 3 * y^2 + 6 * y
x =
    1
  - 3
    1
  - 3
y =
  0
  0
  2
  2
```

```
A =
   6 * x + 6
B =
   0
C =
   6 - 6 * y
D =
   72
x =
   1
y =
   0
为极小值点;
极小值为
fmin =
      - 5
D =
   - 72
x =
   - 3
y =
   0
该点不是极值点;
D =
   - 72
x =
   1
y =
   2
该点不是极值点;
D =
   72
x =
   - 3
y =
```

```
    2
为极大值点;
极大值为
fmax =
        31
```

以及如图 2-10-8 所示.

可见,在点(1,0)处取得极小值,极小值为−5;在点(−3,2)处取得极大值,极大值为31;在(−3,0),(1,2)这两点没有取得极值.事实上,观察图 2-10-8 可发现,从曲面图形看不到细节,而在等高线图形中两个极值点(1,0),(−3,2)处有等高线环绕,但点(−3,0),(1,2)处没有等高线环绕,故它们不是极值点,而是鞍点.

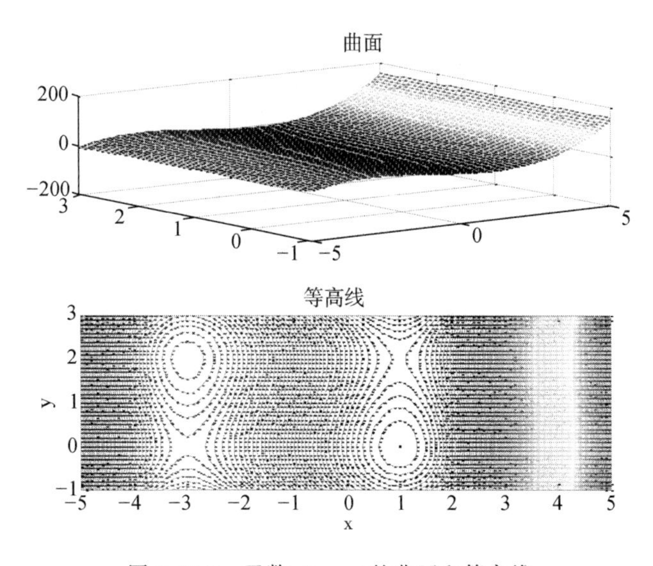

图 2-10-8 函数 $f(x,y)$的曲面和等高线

例 5 求函数 $z=x^2+y^2$ 在条件 $x^2+y^2+x+y-1=0$ 下的极值.

解 这是条件极值问题,可先利用拉格朗日乘数法将条件极值问题转化为无条件极值问题,然后用与例 4 同样的方法求得极值,具体实现的程序代码见 MATLAB 代码 10-6,运行结果如下以及如图 2-10-9 所示:

```
r = - 1 + 1/3 * 3^(1/2)
    - 1 - 1/3 * 3^(1/2)
x = 1/2 * 3^(1/2) - 1/2
    - 1/2 - 1/2 * 3^(1/2)
y = 1/2 * 3^(1/2) - 1/2
    - 1/2 - 1/2 * 3^(1/2)
```

```
f1 = 0.2679
f2 = 3.7321
```

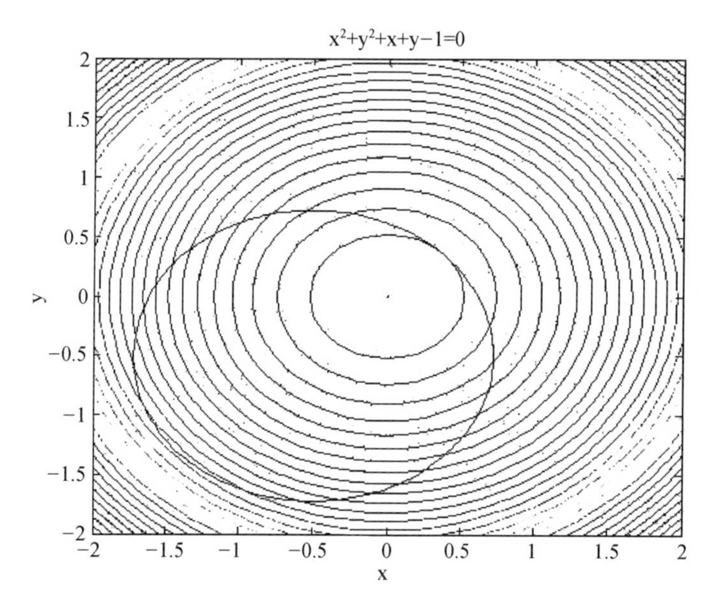

图 2-10-9　函数 $z=x^2+y^2$ 的等高线和曲线 $x^2+y^2+x+y-1=0$

观察运行结果可见,有两个可能是条件极值的函数值 0.2679,3.7321,对应的点坐标分别为 $x=\frac{1}{2}(-1+\sqrt{3})$,$y=\frac{1}{2}(-1+\sqrt{3})$和 $x=\frac{1}{2}(-1-\sqrt{3})$,$y=\frac{1}{2}(-1-\sqrt{3})$.但是,它们否真的是条件极值呢?对此,可利用等高线作图来判断.观察图 2-12-9 可得,在可能的条件极值点处,函数 $z=x^2+y^2$ 的等高线与曲线 $x^2+y^2+x+y-1=0$ 相切.函数 $z=x^2+y^2$ 的等高线是一系列同心圆,由里向外,函数值逐渐增大.

在点$\left(\frac{1}{2}(-1+\sqrt{3}),y=\frac{1}{2}(-1+\sqrt{3})\right)$附近观察,可以得出函数 $z=x^2+y^2$ 在该点取得条件极小值,约为 0.2679;在点$\left(\frac{1}{2}(-1-\sqrt{3}),\frac{1}{2}(-1-\sqrt{3})\right)$附近观察,可以得出函数 $z=x^2+y^2$ 在该点取得条件极大值,约为 3.7321.

例 6　求函数 $z=x^2+y^2-4x-2y+7$ 在平面区域 D:$x^2+y^2\leqslant 16,y\geqslant 0$ 上的最大值和最小值.

解　记 $f(x,y)=x^2+y^2-4x-2y+7$.求解该问题的基本步骤如下:

步骤 1　画出等高线进行观察.从图 2-10-10(a)中可看出,在区域 D 内有唯一的驻点,大约位于点(2,1)处,在该点处取得最小值;大约在点(−4,0)处取得最大值.

步骤 2　求函数 $z=f(x,y)$在区域 D 内的驻点,计算相应的函数值.具体做法如下:

求函数 $z=f(x,y)$关于 x,y 的偏导数，得$\frac{\partial z}{\partial x}=2x-4,\frac{\partial z}{\partial y}=2y-2$，解方程组

$$\begin{cases}\frac{\partial z}{\partial x}=2x-4=0,\\ \frac{\partial z}{\partial y}=2y-2=0\end{cases}$$

得驻点(2,1)，相应的函数值为 2.

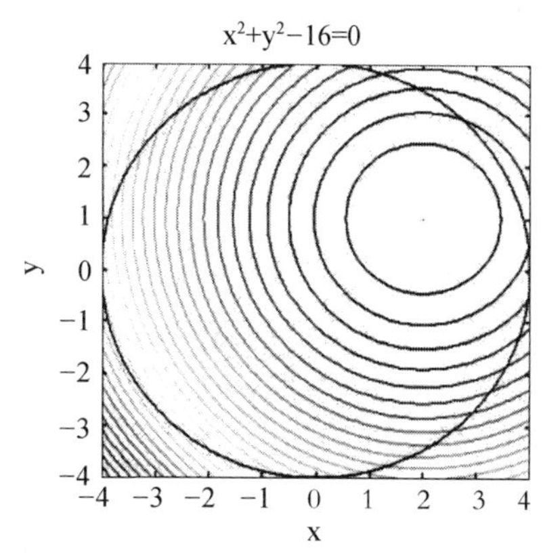

(a) 函数 $z=f(x,y)$ 的等高线和曲线 $x^2+y^2-16=0$

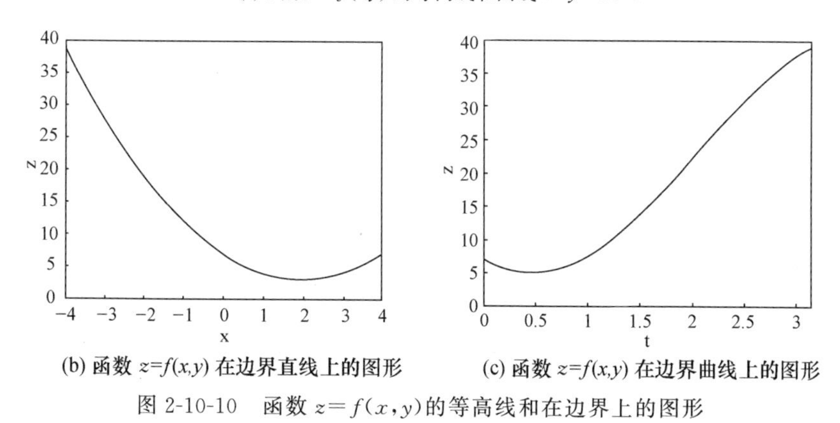

(b) 函数 $z=f(x,y)$ 在边界直线上的图形　(c) 函数 $z=f(x,y)$ 在边界曲线上的图形

图 2-10-10　函数 $z=f(x,y)$的等高线和在边界上的图形

步骤 3　求函数 $z=f(x,y)$在直线边界 $y=0(-4\leqslant x\leqslant 4)$上的最大值与最小值. 具体做法如下：将 $y=0$ 代入函数 $z=f(x,y)$，则原来的二元函数变为一元函数

$$z=x^2-4x+7\quad(-4\leqslant x\leqslant 4).$$

首先观察此一元函数的图形. 由图 2-10-10(b)可看出，$x=-4$ 时取得最大值，$x=2$ 时取得最小值. 然后，通过计算验证：对此一元函数求导数，得$\frac{\mathrm{d}z}{\mathrm{d}x}=2x-4$. 由此可知驻点为 $x=2$，而边界点为 $x=\pm 4$. 计算这三个点处的函数值可知，$x=-4$ 时取得最大值 39，$x=2$ 时取

得最小值 3.

步骤 4 求函数 $z=f(x,y)$ 在曲线边界 $x^2+y^2=16(y\geqslant 0)$ 上的最大值与最小值. 具体做法如下：此边界线可用参数方程 $x=4\cos t, y=4\sin t(0\leqslant t\leqslant \pi)$ 表示，则原来的二元函数变为一元函数

$$z=-16\cos t-8\sin t+23 \quad (0\leqslant t\leqslant \pi).$$

首先观察此一元函数的图形. 由图 2-10-10(c) 中可看出，当 $t\approx 0.5$ 时，取得最小值，约为 5.1；当 $t\approx 3$ 时，取得最大值，约为 39. 然后，通过计算验证：对此一元函数求导数得 $\frac{dz}{dt}=16\sin t-8\cos t$. 解方程 $\frac{dz}{dt}=16\sin t-8\cos t=0$，得驻点 $t=\arctan\frac{1}{2}\approx 0.4636$，而边界点为 $t=0,\pi$，计算这三个点的函数值可知，$t=0.4636$ 时取得最小值 5.1115，$t=\pi(x=-4, y=0)$ 时取得最大值 39.

实现上述步骤的具体程序代码见 MATLAB 代码 10-7，运行结果如下以及如图 2-10-10 所示：

```
ans =
      2 * x - 4
ans =
      2 * y - 2
x =
   2
y =
   1
ans =
      2 * x - 4
ans =
      16 * sin(t) - 8 * cos(t)
ans =
      - 2.6779 + 0.0000i
      0.4636 + 0.0000i
ans =
      40.8885 + 0.0000i
      5.1115 + 0.0000i
ans =
      39
```

综上所述，函数 $z=f(x,y)$ 在点 $(2,1)$ 处取得最小值 2，在点 $(-4,0)$ 处取得最大值 39.

练　　习

1. 一块长方形的金属板,其四个顶点的坐标分别是(1,1),(5,1),(1,3),(5,3).在原点处有一团火,它使金属板受热.假定金属板上任一点处的温度与该点到原点的距离成反比.在点(3,2)处有一只青蛙,试给出这只青蛙应沿什么方向爬行才能最快到达较凉快的地点?[提示:应沿由热到冷变化最快的方向(梯度方向)爬行]

2. 求函数 $f(x,y)=(6x-x^2)(4y-y^2)$, $g(x,y)=e^{2x}(x+y^2+2y)$ 的极值点和极值.

3. 求函数 $u=f(x,y,z)=xyz$ 在条件 $x^2+y^2+z^2=1$, $x+y+z=1$ 下的极值.

4. 求函数 $z=x^2+2y^2$ 在圆周 $x^2+y^2=16$ 上的最大值和最小值.

5. 作出函数 $z=x^2-y^2$ 和 $z=2xy$ 的曲面、等高线和梯度场.观察图形的特点,请从理论上解释这一现象.

附录　MATLAB 代码

MATLAB 代码 10-1

```
%利用函数 surfc 绘制函数的曲面
u = linspace( - 2,2,30);
v = linspace( - 2,2,30);
[x,y] = meshgrid(u,v);
z = x. * y. * exp( - (x.^2 + y.^2));
surfc(x,y,z)
```

MATLAB 代码 10-2

```
%利用函数 gradient 求梯度场,利用函数 quiver 绘制梯度场
v = linspace( - 2,2,50);u = v;
[x,y] = meshgrid(u,v);
z = x. * y. * exp( - (x.^2 + y.^2));
[c,h1] = contour(x,y,z,20);    %作二维等高线
set(h1,'LineWidth',2);
hold on;
[Dx,Dy] = gradient(z,0.1,0.1);
quiver(x,y,Dx,Dy);    %作梯度场
hold off;
fh2 = figure;    %新建图形窗口
h2 = contour3(x,y,z,20);    %作三维等高线
```

MATLAB 代码 10-3

```
%绘制等高线
[x,y] = meshgrid( - 1:.05:1, - 1:.05:1);
z = exp(( - x.^2 - 2 * y.^2)/10^4);
[C,h] = contour(x,y,z);    %作等高线
```

MATLAB 代码 10-4

```
%鲨鱼袭击目标的前进途径
syms x y    %创建变量 x,y
```

```
S = sym(exp((-x.^2 - 2*y.^2)/10^4));   %创建函数
Sx = diff(S,'x');   %求一阶偏导数
Sy = diff(S,'y');
x0 = 1;y0 = 1;
lamda = 0.01;
i = 1;
sx(1) = x0;
sy(1) = y0;
%求梯度值
for i = 2:400
fx = subs(Sx,{x,y},{sx(i-1),sy(i-1)});
                                    %同时将变量 x,y 分别替换为 sx(i-1),sy(i-1)
fy = subs(Sy,{x,y},{sx(i-1),sy(i-1)});
sx(i) = sx(i-1) + lamda*fx./sqrt(fx.^2 + fy.^2);
sy(i) = sy(i-1) + lamda*fy./sqrt(fx.^2 + fy.^2);
end
plot(sx,sy)   %作梯度线
```

MATLAB 代码 10-5

```
%求一阶偏导数
syms x y   %创建 x,y 变量
f = x^3 - y^3 + 3*x^2 + 3*y^2 - 9*x;
diff(f,x)   %求一阶偏导数
diff(f,y)
%求驻点
[x,y] = solve('3*x^2 + 6*x - 9 = 0','-3*y^2 + 6*y = 0','x','y')
%求二阶偏导数
A = diff(f,x,2)
B = diff(diff(f,x),y)
C = diff(f,y,2)
%分别判别每个驻点是否为极值点,建立 M 文件,自动判别
xx = [1 -3 1 -3];   %驻点的横坐标
yy = [0 0 2 2];   %驻点的纵坐标
for i = 1:4
    D = (6*xx(i) + 6)*(-6*yy(i) + 6)   %判别式
    if D>0
```

```
        if (6 * xx(i) + 6)<0
          x = xx(i)
          y = yy(i)
          disp('为极大值点;')
          disp('极大值为')   % 输出极大值
          fmax = x^3 - y^3 + 3 * x^2 + 3 * y^2 - 9 * x
        elseif(6 * xx(i) + 6)>0
          x = xx(i)
          y = yy(i)
          disp('为极小值点;')
          disp('极小值为')   % 输出极小值
          fmin = x^3 - y^3 + 3 * x^2 + 3 * y^2 - 9 * x
        end
    end
    if D<0
      x = xx(i)
      y = yy(i)
      disp('该点不是极值点;')
    end
    if D = = 0
      x = xx(i)
      y = yy(i)
      disp('无法确定!')
    end
end
% 作函数的图形,观察极值点和鞍点的情形
x = -5:0.1:5;
y = -1:0.1:3;
[X,Y] = meshgrid(x,y);
Z = X.^3 - Y.^3 + 3 * X.^2 + 3 * Y.^2 - 9 * X;
subplot(2,1,1);
mesh(X,Y,Z);   % 作函数的曲面
title('曲面')
subplot(2,1,2);
contour(X,Y,Z,200);   % 作函数的等高线
```

```
xlabel('x');
ylabel('y');
title('等高线')
```

MATLAB 代码 10-6

```
%利用拉格朗日乘数法求驻点
syms x y r   %创建变量 x,y,r
g = x^2 + y^2;
h = x^2 + y^2 + x + y - 1;
la = g + r * h;
lx = diff(la,x)   %求一阶偏导数
ly = diff(la,y)
lr = diff(la,r)
[r,x,y] = solve('2 * x + r * (2 * x + 1) = 0','2 * y + r * (2 * y + 1) = 0','x^2 + y^2
          + x + y - 1 = 0','x,y,r')   %求驻点的坐标
%有两个可能的条件极值点
x = 1/2 * 3^(1/2) - 1/2;y = 1/2 * 3^(1/2) - 1/2;
f1 = eval(g)
x = - 1/2 - 1/2 * 3^(1/2);y = - 1/2 - 1/2 * 3^(1/2);
f2 = eval(g)
%作等高线
[x,y] = meshgrid( - 2:0.1:2, - 2:0.1:2);
z = x.^2 + y.^2;
contour(x,y,z,30)   %作等高线
hold on
ezplot('x^2 + y^2 + x + y - 1 = 0')   %作图(条件为 x^2 + y^2 + x + y - 1 = 0)
```

MATLAB 代码 10-7

```
%作等高线
clear;
x = - 4:0.1:4;y = - 4:0.1:4;
[x,y] = meshgrid(x,y);
z = x.^2 + y.^2 - 4 * x - 2 * y + 7;
contour(x,y,z,30)   %作等高线
hold on
```

```
ezplot('x^2 + y^2 - 16 = 0')   % 作图(条件为 x^2 + y^2 - 16 = 0)
% 求函数在区域 D 内的驻点
clear;
syms x y;   % 创建变量 x,y
z = x^2 + y^2 - 4 * x - 2 * y + 7;
diff(z,x)   % 求一阶偏导数
diff(z,y)
[x,y] = solve('2 * x - 4 = 0', '2 * y - 2 = 0', 'x', 'y')   % 求驻点的坐标
% 作函数在直线边界 y = 0, - 4≤x≤4 上的图形
x = - 4:0.1:4;z = x.^2 - 4 * x + 7;
plot(x,z);
xlabel('x'),ylabel('z')
% 验证从上述图形观察到的结果
clear;
syms x;   % 创建变量 x
z = x^2 - 4 * x + 7;
diff(z,x)   % 求一阶偏导数
% 作函数在曲线边界 x² + y²≤16,y≥0 上的图形
t = 0:0.01 * pi:pi;z = - 16 * cos(t) - 8 * sin(t) + 23;
plot(t,z);
xlabel('t'),ylabel('z')
set(gca,'YTick',0:5:40);
axis([0 pi 0 40])
% 验证从上述图形观察到的结果
clear;
syms t   % 创建变量 t
z = - 16 * cos(t) - 8 * sin(t) + 23;
diff(z,t)   % 求一阶偏导数
st = solve('16 * sin(t) - 8 * cos(t) = 0', 't')   % 求驻点的坐标
double(st)   % 求 st 的数值
% 求最值
sz = subs(z,t,st);
double(sz)   % 求驻点相应的函数值
sz1 = subs(z,t,pi);
double(sz1)   % 求 t = pi 时的函数值
```

实验十一　信息加密与解密

一、实验背景和目的

信息加密与解密在军事、政治、经济等方面有非同寻常的重要性.如果某一方要将信息传递给自己方的接收者,同时需防止其他人(特别是敌方)知道信息的内容,那么可将原来的信息(称为明文)加密,使其变成密文后再传输.这样,合法的接收者收到密文后只要按照预先约定好的方法解密即可翻译成明文,而其他人即使得到密文也读不懂.本实验通过对一段明文字符加密和解密,让学生体会矩阵运算在实际问题中的应用.

二、相关函数

(1) a=input('提示信息'):用户输入,函数执行后显示“提示信息”中的文本,并等待用户输入值或表达式,输入结束后按“Enter”键,则 a 接收到用户输入的内容.

(2) mod:进行取模运算.

(3) length:求矩阵行数和列数的最大值.

(4) B=reshape(A,m,n):重新调整矩阵 A 的元素的行数和列数,返回到一个 m×n 矩阵 B,B 的元素是按列优先从 A 中得到的.注意:该函数的使用需保证矩阵 A 的元素个数为 m×n).

(5) double(x):若 x 是数值型的参数,则返回参数 x 的双精度浮点类型数据;若 x 是字符,则返回该字符的 ASCII 码值.

(6) char:强制类型转换函数,将数值转成字符串.

三、实验理论与方法

假设需要加密的明文是由 m 个字符构成的,则需要将这些字符与 $0\sim m-1$ 中的数字建立一一对应关系,称这些数字为明文字符的**表值**.加密之前需要选择一个元素为正整数的二阶矩阵 $\boldsymbol{A}$ 作为密钥矩阵.

HILL_2 密码是一种分组加密方式的密码,其加密过程如下:

步骤 1　将明文字符依次按照每两个字符一组(奇数个字符时可补充一个哑字符),查出其表值,得到一组二维向量 $\boldsymbol{\alpha}$(可看作一个矩阵);

步骤 2　矩阵 $\boldsymbol{\alpha}$ 左乘密钥矩阵 $\boldsymbol{A}$,得到表示加密结果的矩阵 $\boldsymbol{\beta}$,即 $\boldsymbol{\beta}=\boldsymbol{A\alpha}$;

步骤 3　反查表值,得到矩阵 $\boldsymbol{\beta}$ 对应的字符,即得到密文.

解密是利用密钥矩阵 $\boldsymbol{A}$ 的逆矩阵实现的,即 $\boldsymbol{\alpha}=\boldsymbol{A}^{-1}\boldsymbol{\beta}$,其过程与加密过程类似.

四、实验示例

例 甲方需要将一段明文 LLXYSXX 发送给与之有秘密往来的乙方,考虑到传递过程的安全性,需要对其进行加密和解密处理. 按照甲方与乙方的约定,密文通信采用 HILL_2 密码,设密钥矩阵为二阶矩阵 $\boldsymbol{A}=\begin{pmatrix}1 & 2\\0 & 3\end{pmatrix}$,且汉语拼音的 26 个字母与 0～25 的整数建立一一对应的关系,即明文字符的表值如表 2-11-1 所示.

表 2-11-1 约定的明文字符表值

A	B	C	D	E	F	G	H	I	J	K	L	M
1	2	3	4	5	6	7	8	9	10	11	12	13
N	O	P	Q	R	S	T	U	V	W	X	Y	Z
14	15	16	17	18	19	20	21	22	23	24	25	0

解 (1) 加密过程.

由于明文字符个数为奇数,所以需要补充一个字符作为哑字符,即 LLXYSXXX(补充字符是为了后期构造二维量组,并无实际意义. 若明文字符个数为偶数,则不需要补充).

查表 2-11-1 可得到明文 LLXYSXXX 对应表值 12 12 24 25 19 24 24 24,并构造二维量组(可看作一个矩阵):

$$\begin{pmatrix}12 & 24 & 19 & 24\\12 & 25 & 24 & 24\end{pmatrix}.$$

将上述矩阵左乘密钥矩阵 $\boldsymbol{A}$,得到新矩阵:

$$\begin{pmatrix}36 & 74 & 67 & 72\\36 & 75 & 72 & 72\end{pmatrix}.$$

对新矩阵做模 26 运算,使其元素化为 0～25 范围中的整数:

$$\begin{pmatrix}10 & 22 & 15 & 20\\10 & 23 & 20 & 20\end{pmatrix}.$$

将此矩阵按列优先写成一行:10,10,22,23,15,20,20,20. 反查表值,可得到对应的字符如下:J,J,V,W,O,T,T,T. 按照原明文长度截取信息,即得到密文 JJVWOTT.

实现上述加密过程的具体程序代码见 MATLAB 代码 11-1.

(2) 解密过程.

解密的基本思想就是将上述加密过程逆返回去.

同样,将密文的字符补充为偶数个:J,J,V,W,O,T,T,T,并查表 2-11-1 得到 10,

10,22,23,15,20,20,20,构造二维向量组：

$$\begin{pmatrix}10 & 22 & 15 & 20\\10 & 23 & 20 & 20\end{pmatrix}.$$

以其中的$\begin{pmatrix}22\\23\end{pmatrix}$为例,解密过程就是求$\begin{pmatrix}?\\?\end{pmatrix}$,使得

$$\boldsymbol{A}\begin{pmatrix}?\\?\end{pmatrix}(\mathrm{mod}\ 26)=\begin{pmatrix}22\\23\end{pmatrix},\quad 即\quad \begin{pmatrix}?\\?\end{pmatrix}=\boldsymbol{A}^{-1}\begin{pmatrix}22\\23\end{pmatrix}$$

的计算过程,这里$\boldsymbol{A}^{-1}$是模 26 意义下密钥矩阵$\boldsymbol{A}$的逆矩阵. 但是,由于表示密文的向量组是经过模 26 运算得到的,求模 26 意义下的$\boldsymbol{A}^{-1}$就成为解决问题的关键.

我们知道,n 阶方阵$\boldsymbol{B}$可逆的充要条件是 $\det(\boldsymbol{B})\neq 0$. 但是,在模 26 意义下,矩阵可逆与一般矩阵可逆有所不同. 设 m 为一个正整数,整数集合 $\mathbf{Z}_m=\{0,1,2,\cdots,m-1\}$下模 m 可逆定义如下：

定义 1　对于一个元素属于集合 $\mathbf{Z}_m$ 的 n 阶方阵$\boldsymbol{B}$,若存在元素属于集合 $\mathbf{Z}_m$ 的 n 阶方阵$\boldsymbol{C}$,使得$\boldsymbol{BC}=\boldsymbol{CB}=\boldsymbol{I}(\mathrm{mod}\ m)$,则称$\boldsymbol{B}$为**模 m 可逆**的,并称$\boldsymbol{C}$为$\boldsymbol{B}$的**模 m 逆矩阵**.

例如,若方阵$\boldsymbol{B}=\begin{pmatrix}a & b\\c & d\end{pmatrix}$,则$\boldsymbol{B}$的模 m 逆矩阵为

$$\boldsymbol{B}^{-1}=\frac{1}{ad-bc}\begin{pmatrix}d & -b\\-c & a\end{pmatrix}(\mathrm{mod}\ m)=(ad-bc)^{-1}\begin{pmatrix}d & -b\\-c & a\end{pmatrix}(\mathrm{mod}\ m).$$

下面再介绍一个求模 m 逆矩阵需用到的概念.

定义 2　对于集合 $\mathbf{Z}_m$ 中的一个整数 a,若存在集合 $\mathbf{Z}_m$ 中的一个整数 b,使得 $ab(\mathrm{mod}\ m)=1$,则称 b 为 a 的**模 m 倒数**或**模 m 乘法逆**,记作 $b=a^{-1}(\mathrm{mod}\ m)$.

例如,在集合 $\mathbf{Z}_{26}$中元素的模 26 倒数如表 2-11-2 所示.

表 2-11-2　模 26 倒数表

a	1	3	5	7	9	11	15	17	19	21	23	25
b	1	9	21	15	3	19	7	23	11	5	17	25

定理　对于集合 $\mathbf{Z}_m$ 中的一个整数 a,若 a 与 m 无公共素数因子,则 a 有唯一的模 m 倒数 b;反之,若 a 有模 m 倒数 b,则 a 一定与 m 无公共素数因子.

由于 26 的素数因子为 2 和 13,因此表 2-11-2 中没有集合 $\mathbf{Z}_{26}$中的元素 2,4,6,8,10,12,13,14,16,18,20,22,24.

回到上面的解密过程中,密钥矩阵为$\boldsymbol{A}=\begin{pmatrix}1 & 2\\0 & 3\end{pmatrix}$,则$\boldsymbol{A}$的模 26 逆矩阵为

$$A^{-1}=(1\times 3-2\times 0)^{-1}\begin{pmatrix}3 & -2\\0 & 1\end{pmatrix}(\bmod 26),$$

即

$$A^{-1}=3^{-1}\begin{pmatrix}3 & -2\\0 & 1\end{pmatrix}(\bmod 26)=9\begin{pmatrix}3 & -2\\0 & 1\end{pmatrix}(\bmod 26)$$

$$=\begin{pmatrix}27 & -18\\0 & 9\end{pmatrix}(\bmod 26)=\begin{pmatrix}1 & 8\\0 & 9\end{pmatrix}.$$

于是可得

$$A^{-1}\begin{pmatrix}10 & 22 & 15 & 20\\10 & 23 & 20 & 20\end{pmatrix}=\begin{pmatrix}90 & 206 & 175 & 180\\90 & 207 & 180 & 180\end{pmatrix}.$$

该结果对 26 取模运算，即可得到

$$\begin{pmatrix}12 & 24 & 19 & 24\\12 & 25 & 24 & 24\end{pmatrix},$$

将这个矩阵按列优先排成一行：12，12，24，25，19，24，24，24. 反查表值，即可得到明文 LLXYSXX(X).

实现上述解密过程的具体程序代码见 MATLAB 代码 11-2.

注意 (1) 从前面的定理可知，元素属于集合 $\mathbf{Z}_m$ 的方阵 $\boldsymbol{B}$ 模 m 可逆的充要条件是，m 和 $\det(\boldsymbol{B})$ 没有公共素数因子，即 m 和 $\det(\boldsymbol{B})$ 互素.

(2) 加密过程中明文字符共 26 个，即 $m=26$，而 26 的素数因子为 2 和 13，所以密钥矩阵 $\boldsymbol{A}$ 可逆的充要条件为 $\det(\boldsymbol{A})(\bmod 26)$ 不能被 2 和 13 整除.

(3) 当明文字符个数为奇数时，为了保证补充的哑字符对加密与解密没有实质性意义，需要密钥矩阵 $\boldsymbol{A}$ 每一行元素的和相同；当明文字符个数为偶数时，可没有该限定条件.

练　　习

按照甲方与乙方的约定，他们之间的秘密通信采用 HILL_2 密码，明文信息为汉语拼音的 26 个字母及空格. 假设 26 个字母及空格的表值如表 2-11-3 所示.

表 2-11-3　约定的明文字符表值

空格	A	B	C	D	E	F	G	H	I	J	K	L
0	1	2	3	4	5	6	7	8	9	10	11	12
M	N	O	P	Q	R	S	T	U	V	W	X	Y	Z
13	14	15	16	17	18	19	20	21	22	23	24	25	26

（1）建立一个元素属于集合 $\mathbf{Z}_{27}=\{0,1,2,\cdots,26\}$ 且模 27 可逆的二阶方阵 $\boldsymbol{A}$，作为密钥矩阵；

（2）编写加密程序，用自己名字作为明文，如赵又廷为“ZHAO YOU TING”（含空格），求在上述表值和密钥矩阵下的密文；

（3）求密钥矩阵 $\boldsymbol{A}$ 的模 27 逆矩阵 $\boldsymbol{B}$，并编写解密程序，检验（2）所得密文在上述表值和模 27 逆矩阵 $\boldsymbol{B}$ 下的明文是否与自己的名字一致.

附录　MATLAB 代码

MATLAB 代码 11-1

```
%加密过程
m = 26;
enmat = [1 2;0 3];
c = [];
en = [];
astr = input('输入要加密的明文字符(大写):','s');
an = double(astr);
ylh = length(an);  %记录原明文的长度
if mod(ylh,2) == 1
    an = [an,an(ylh)];  %若明文的长度不是 2 的倍数,则补足
end
lh = length(an);  %记录处理后的明文长度
an = an - 64;  %将字符按照表 2-11-1 对应表值,字符 A 的 ASCII 码为 65
for i = 1:lh
    if an(i) == 26
        an(i) = 0;  %将字母 Z 的值对应为 0
    end
end  %特殊数据的对应表值处理
c = reshape(an,2,lh/2);  %将 an 重排为 2 行 lh/2 列的矩阵
dn = mod(enmat * c,m);  %加密
en = reshape(dn,1,lh);  %将矩阵 dn 重排为 1 行 lh 列的矩阵
en = en + 64;  %对应表值处理,且数值为 0 的对应为字母 Z
for i = 1:lh
    if en(i) == 64
        en(i) = 90;
    end
end  %特殊数据的对应字符处理
en = en(1:ylh);  %截取与原明文一样的长度
char(en)
```

MATLAB 代码 11-2

```
%解密过程
m = 26;
dnmat = [1 8;0 9];
c = [];
en = [];
astr = input('输入要解密的密文字符(大写):', 's');
an = double(astr);
ylh = length(an);   %记录原密文的长度
if mod(ylh,2) == 1
    an = [an,an(ylh)];   %若密文的长度不是 2 的倍数,则补足
end
lh = length(an);   %记录处理后的密文长度
an = an - 64;   %对应表值
for i = 1:lh
    if an(i) == 26
        an(i) = 0;   %将字母 Z 的值对应为 0
    end
end   %特殊数据的对应表值处理
c = reshape(an,2,lh/2);   %将 an 重排为 2 行 lh/2 列的矩阵
dn = mod(dnmat * c,m);   %加密
en = reshape(dn,1,lh);   %将矩阵 dn 重排为 1 行 lh 列的矩阵
en = en + 64;   %对应表值处理,且数值 0 对应字母 Z
for i = 1:lh
    if en(i) == 64
        en(i) = 90;
    end
end   %特殊数据的对应字符处理
en = en(1:ylh);   %截取与原密文一样的长度
char(en)
```

实验十二　定积分的近似计算

一、实验背景和目的

利用牛顿-莱布尼茨公式虽然可以精确地计算定积分的值,但是它仅仅适用于被积函数的原函数能用初等函数表达出来的情形.然而,在实际问题中,有时被积函数本身就不能用初等函数来表示,甚至没有解析式,可能只是一组离散采样值,或是一条实验记录曲线,更别说其原函数了.这时就有必要考虑采用近似计算的方法去计算相应的定积分.本实验通过矩形法、梯形法、抛物线法的定积分近似计算模拟,让学生体会定积分的几何意义,并掌握定积分近似计算的基本方法.

二、相关函数

(1) R=subs(S,new):利用 new 的值代替符号表达式 S 中的默认符号.

(2) format:控制数据的显示形式.format short 表示 5 字长定点数;format long 表示 15 字长定点数.

三、实验理论与方法

根据定积分的定义,每个积分和都可以看作定积分的一个近似值,即

$$\int_a^b f(x)\mathrm{d}x \approx \sum_{i=1}^{n} f(\xi_i)\Delta x_i.$$

从几何意义上看,定积分 $\int_a^b f(x)$ 是积分区间 $[a,b]$ 上某个曲边梯形的面积(假定 $f(x) \geqslant 0$ 且连续),如果将 $[a,b]$ 等分为 n 个小区间 $[x_{i-1},x_i]\,(i=1,2,\cdots,n)$:

$[a,a+\Delta x],[a+\Delta x,a+2\Delta x],\cdots,[a+(i-1)\Delta x,a+i\Delta x],\cdots,[a+(n-1)\Delta x,b]$,

其中 $\Delta x=\dfrac{b-a}{n}$ 为每个小区间的长度,则每个小区间上小曲边梯形的面积可以用规则多边形的面积来近似,从而求得 $\int_a^b f(x)\mathrm{d}x$ 的近似值.根据近似方法的不同,可将定积分的近似计算方法分为矩形法、梯形法和抛物线法.

1. 矩形法

(1) 在小区间 $[x_{i-1},x_i]\,(i=1,2,\cdots,n)$ 上取 ξ_i 为左端点,即取 $\xi_i=x_{i-1}$,有

$$\int_a^b f(x)\mathrm{d}x \approx \Delta x\sum_{i=1}^{n} f(x_{i-1}). \tag{2-12-1}$$

(2) 在区间$[x_{i-1},x_i]$$(i=1,2,\cdots,n)$上取 ξ_i 为右端点，即取 $\xi_i=x_i$，有

$$\int_a^b f(x)\mathrm{d}x \approx \Delta x\sum_{i=1}^{n} f(x_i). \tag{2-12-2}$$

(3) 在区间$[x_{i-1},x_i]$$(i=1,2,\cdots,n)$上取 ξ_i 为中点，即取 $\xi_i=\dfrac{x_{i-1}+x_i}{2}$，有

$$\int_a^b f(x)\mathrm{d}x = \Delta x\sum_{i=1}^{n} f\left(\frac{x_{i-1}+x_i}{2}\right). \tag{2-12-3}$$

上述三种近似计算定积分 $\int_a^b f(x)\mathrm{d}x$ 的方法称为**矩形法**. 利用矩形法近似计算定积分时，只有当积分区间被分割得很细时才能达到一定的精度.

进一步考虑：如果在每个小区间上用一次或二次多项式来近似替代被积函数，那么是否可以得到比矩形法效果更好的近似计算结果呢？

2. 梯形法

设小区间$[x_{i-1},x_i]$两个端点相应的被积函数值分别为 y_{i-1},y_i，其在曲线 $y=f(x)$ 上对应的点记为 P_{i-1},P_i. 用过点 P_{i-1},P_i 的弦来近似代替曲线弧$\overset{\frown}{P_{i-1}P_i}$(在小区间$[x_{i-1},x_i]$上用线性函数近似代替函数 $f(x)$)，这样小区间$[x_{i-1},x_i]$上的小曲边梯形可近似为小梯形，其面积近似为$\dfrac{y_{i-1}+y_i}{2}\Delta x$.

若每个小区间上的小曲边梯形都做一样的近似，则所有小梯形面积之和就是定积分 $\int_a^b f(x)\mathrm{d}x$ 的近似值，即

$$\int_a^b f(x)\mathrm{d}x \approx \sum_{i=1}^{n}\frac{y_{i-1}+y_i}{2}\Delta x = \frac{\Delta x}{2}\sum_{i=1}^{n}(y_{i-1}+y_i). \tag{2-12-4}$$

这种近似计算定积分 $\int_a^b f(x)\mathrm{d}x$ 的方法称为**梯形法**.

利用梯形法求定积分近似值时，如果被积函数曲线 $y=f(x)$为凹弧，则计算结果一定偏大于理论值；如果被积函数曲线 $y=f(x)$为凸弧，则计算结果一定偏小于理论值.

进一步考虑：倘若能将每个小区间上的被积函数曲线 $y=f(x)$改用与其本身在该小区间上凹凸性相近的抛物线来近似，就可以使得定积分的近似值更接近于理论值.

3. 抛物线法

同样，先导出一般形式的计算公式. 在区间$[a,b]$上取 $2n$ 个等分点：

$$x_0,\ x_1,\ \cdots,\ x_{i-1},\ x_i,\ x_{i+1},\ \cdots,\ x_{2n-1},\ x_{2n},$$

其中 $x_0=a,x_{2n}=b$. 依次记各等分点对应的函数值为

$$y_0,\ y_1,\ \cdots,\ y_{i-1},\ y_i,\ y_{i+1},\ \cdots,\ y_{2n-1},\ y_{2n},$$

并将曲线 $y=f(x)$上对应的点依次记为 $P_0,P_1,\cdots,P_{i-1},P_i,P_{i+1},\cdots,P_{2n-1},P_{2n}$.

考虑对区间$[a,b]$做 n 等分，则有小区间

$$[x_0,x_2],\cdots,[x_{i-1},x_{i+1}],\cdots,[x_{2n-2},x_{2n}].$$

在任一小区间$[x_{i-1},x_{i+1}]$上,可以用通过三点P_{i-1},P_i,P_{i+1}的抛物线$y=\alpha x^2+\beta x+\gamma$来近似代替该小区间上的被积函数曲线.那么,小区间$[x_{i-1},x_{i+1}]$上的定积分近似为

$$\int_{x_{i-1}}^{x_{i+1}}(\alpha x^2+\beta x+\gamma)\mathrm{d}x$$

$$=\frac{\alpha}{3}(x_{i+1}^3-x_{i-1}^3)+\frac{\beta}{2}(x_{i+1}^2-x_{i-1}^2)+\gamma(x_{i+1}-x_{i-1})$$

$$=\frac{x_{i+1}-x_{i-1}}{6}[(\alpha x_{i+1}^2+\beta x_{i+1}+\gamma)+(\alpha x_{i-1}^2+\beta x_{i-1}+\gamma)+\alpha(x_{i+1}+x_{i-1})^2+2\beta(x_{i+1}+x_{i-1})+4\gamma].$$

由于$x_i=\dfrac{x_{i+1}-x_{i-1}}{2}$,代入上式并整理,得

$$\int_{x_{i-1}}^{x_{i+1}}(\alpha x^2+\beta x+\gamma)\mathrm{d}x$$

$$=\frac{x_{i+1}-x_{i-1}}{6}[(\alpha x_{i+1}^2+\beta x_{i+1}+\gamma)+(\alpha x_{i-1}^2+\beta x_{i-1}+\gamma)+4(\alpha x_i^2+\beta x_i+\gamma)]$$

$$=\frac{x_{i+1}-x_{i-1}}{6}(y_{i+1}+y_{i-1}+4y_i).$$

又因为$\Delta x=\dfrac{b-a}{2n}$,所以$x_{i+1}-x_{i-1}=\dfrac{b-a}{n}$.将它代入上式,整理后得

$$\int_{x_{i-1}}^{x_{i+1}}(\alpha x^2+\beta x+\gamma)\mathrm{d}x=\frac{b-a}{6n}(y_{i+1}+4y_i+y_{i-1}).$$

同理,有

$$\int_{x_{2i-2}}^{2i}(\alpha x^2+\beta x+\gamma)\mathrm{d}x=\frac{b-a}{6n}(y_{2i-2}+4y_{2i-1}+y_{2i}).$$

于是,原来的定积分就可以近似为各小区间上的积分之和:

$$\int_a^b f(x)\mathrm{d}x\approx\sum_{i=1}^{n}\int_{x_{2i-2}}^{2i}(\alpha x^2+\beta x+\gamma)\mathrm{d}x$$

$$=\sum_{i=1}^{n}\frac{b-a}{6n}(y_{2i-2}+4y_{2i-1}+y_{2i}).\tag{2-12-5}$$

通常将这种近似计算定积分$\int_a^b f(x)\mathrm{d}x$的方法称为**抛物线法**.

四、实验示例

例 计算定积分$\int_0^1\dfrac{1}{1+x^2}\mathrm{d}x$.

解 下面分别用矩形法、梯形法和抛物线法来计算,并取$n=100$.

方法一 矩形法.

这里 $f(x)=\dfrac{1}{1+x^2}$,$a=0,b=1,n=100$.取 ξ_i 为小区间$[x_{i-1},x_i](i=1,2,\cdots,100)$的左端点,由公式(2-12-1)有

$$\int_0^1 \frac{1}{1+x^2}\mathrm{d}x = 0.01\times\sum_{i=1}^{100} f(x_{i-1}) \approx 0.787\,894.$$

计算上式的具体程序代码见 MATLAB 代码 12-1.

类似地,当 ξ_i 取小区间$[x_{i-1},x_i](i=1,2,\cdots,100)$的右端点和中点时,可分别求得

$$\int_0^1 \frac{1}{1+x^2} \approx 0.782\,894,$$

$$\int_0^1 \frac{1}{1+x^2} \approx 0.785\,400.$$

已知理论值为 $\displaystyle\int_0^1 \frac{1}{1+x^2}\mathrm{d}x = \frac{\pi}{4}$.在 ξ_i 取左端点、右端点、中点的情况下,计算结果的相对误差 e 如表 2-12-1 所示.

表 2-12-1 矩形法计算结果相对误差 e 的比较

ξ_i	x_{i-1}	x_i	$\dfrac{x_{i-1}+x_i}{2}$
$e=\left\|\dfrac{\text{近似值}-\pi/4}{\pi/4}\right\|$	0.003 178	0.003 188	2.653e−6

方法二 梯形法.

$f(x)=\dfrac{1}{1+x^2}$,对于 $a=0,b=0,n=100$,由公式(2-12-4)有

$$\int_0^1 \frac{1}{1+x^2}\mathrm{d}x = 0.01\times\sum_{i=1}^{100} \frac{(y_{i-1}+y_i)}{2} \approx 0.785\,394.$$

计算上式的具体程序代码见 MATLAB 代码 12-2.此时,相对误差为

$$e=\left|\frac{\text{近似值}-\pi/4}{\pi/4}\right| \approx 5.305\mathrm{e}-6.$$

显然,与 ξ_i 取左、右端点时的矩形法相比,梯形法的相对误差小很多.

方法三 抛物线法.

$f(x)=\dfrac{1}{1+x^2}$,对于 $a=0,b=1,n=100$,由公式(2-12-5)有

$$\int_0^1 \frac{1}{1+x^2}\mathrm{d}x = \frac{1}{600}\sum_{i=1}^{100}(y_{2i-2}+4y_{2i-1}+y_{2i}) \approx 0.785\,398.$$

计算上式的具体程序代码见 MATLAB 代码 12-3.此时,相对误差为

$$e=\left|\frac{\text{近似值}-\pi/4}{\pi/4}\right| \approx 2.827\mathrm{e}-16.$$

显然,与矩形法、梯形法相比,抛物线法的相对误差小很多.

练　　习

编写程序,用矩形法、梯形法、抛物线法近似计算定积分 $\int_0^1 (1-e^x)dx$. 取 $n=100$, 200,400,比较计算结果,并分析三种计算方法所得结果和理论值的误差.

附录　MATLAB 代码

MATLAB 代码 12-1

```
%矩形法(取左端点)
format long
n = 100;  %积分区间等分为 100 个小区间
a = 0; b = 1;  %积分上、下限
num = 0;  %累加和基数
syms x fx;  %定义符号变量
fx = 1/(1 + x^2);
for i = 1:n
    xi = a + (i - 1) * (b - a)/n;  %区间的左端点
    fxi = subs(fx,'x',xi);
    num = num + fxi * (b - a)/n;  %矩形公式的累加和
end
double(num)  %计算结果转换为浮点型数据
```

MATLAB 代码 12-2

```
%梯形法
format long
n = 100;  %积分区间等分为 100 个小区间
a = 0; b = 1;  %积分上、下限
num = 0;  %累加和基数
syms x fx;
fx = 1/(1 + x^2);
for i = 1:n
    xi = a + (i - 1) * (b - a)/n;  %区间的左端点
    xj = a + i * (b - a)/n;  %区间的右端点
    fxi = subs(fx,'x',xi);
    fxj = subs(fx,'x',xj);
    num = num + (fxi + fxj) * (b - a)/(2 * n);  %梯形公式的累加和
end
```

```
double(num)   %计算结果转换为浮点型数据
```

MATLAB 代码 12-3

```
%抛物线法
format long
n = 100;   %积分区间等分为 100 个小区间
a = 0; b = 1;   %积分上、下限
num;   %累加和基数
syms x fx;
fx = 1/(1 + x^2);
for i = 1:n
    x0 = a + (2 * i - 2) * (b - a)/(2 * n);   %区间的左端点
    x1 = a + (2 * i - 1) * (b - a)/(2 * n);   %区间的中点
    x2 = a + (2 * i) * (b - a)/(2 * n);   %区间的右端点
    fx0 = subs(fx,'x',x0);
    fx1 = subs(fx,'x',x1);
    fx2 = subs(fx,'x',x2);
    s = (fx0 + 4 * fx1 + fx2) * (b - a)/(6 * n);   %抛物线公式的累加和
    num = num + s;
end
double(num)   %计算结果转换为浮点型数据
```

实验十三　种群相互作用的模型

一、实验背景和目的

在自然科学、经济学、生态学、人口学及交通运输等领域中，许多问题都可以用常微分方程(组)来刻画，例如弹性物体振动、人口增长、种群竞争等问题. 利用 MATLAB 可以很方便地求出常微分方程(组)的解析解与数值解，从而可以从理论上客观分析实际中的现象. 本实验通过常微分方程定性理论中的等斜线法分析种群相互作用模型，让学生了解常微分方程在生态学中的应用，了解平衡点所表示的生态意义，理解不同的平衡点类型说明什么生态问题，学会利用 MATLAB 模拟、研究生态模型的方法.

二、相关函数

(1) dsolve('equation','condition')：用解析法求常微分方程的通解和特解，其中 equation 表示常微分方程，且需以 Dy 表示一阶导数，D2y 表示二阶导数，condition 则为初始条件.

(2) [FX,FY]=gradient(Z,dx,dy)：返回 Z 的二维数值梯度，其中 FX 为其水平方向上的梯度，FY 为其垂直方向上的梯度，Z 为二阶矩阵，dx,dy 为自变量的微分.

(3) quiver(X,Y,FX,FY)：绘制由 gradient 生成的梯度场，其中 X,Y 表示所绘制箭头的起始坐标，FX,FY 表示所绘制箭头的方向坐标.

(4) [t,x]=ode45('xprime',t0,tf,x0,tol,trace)，求解常微分方程的数值解，其中 'xprime'是定义右端项 f(x,t)的函数文件名，该函数文件必须以 x' 为列向量，以 t,x 为输入参量，注意参量的次序不可颠倒，一定先时间参量 t，后状态参量 x；输入参量 t0 和 tf 分别是积分的起始值和终止值；输入参量 x0 为初始状态列向量；输出参量 t 和 x 分别给出时间向量和相应的状态向量；tol 控制解的精度，缺省时默认 tol=1. e−6；输入参量 trace 控制求解的中间结果是否显示，缺省时默认不显示中间结果.

三、实验理论与方法

1. 常微分方程的相关概念

1) 积分曲线与向量场

对于一阶常微分方程

$$\frac{\mathrm{d}y}{\mathrm{d}x}=f(x,y),$$

其一个解 $y=\varphi(x)$一般表示 Oxy 平面上的一条曲线，称之为该常微分方程的**积分曲线**. 可以用 $f(x,y)$在 Oxy 平面的某个区域D 上定义过各点的小线段的斜率方向，这样的区域 D 称为上述常微分方程所定义的**向量场**，又称**方向场**. 向量场中方向相同的曲线 $f(x,y)=k$(k 为常数)称为**等倾斜线**(简称**等斜线**). 可以通过取不同 k 值的等斜线来判断积分曲线的走向.

2）相空间、轨线和平衡解

不含自变量，仅由常微分方程组的未知函数组成的空间称为**相空间**. 积分曲线在相空间中的投影称为**轨线**. 对于自治常微分方程组$\frac{\mathrm{d}\boldsymbol{y}}{\mathrm{d}t}=\boldsymbol{f}(\boldsymbol{y})$，$\boldsymbol{y}\in D\subseteq\mathbf{R}^n$，方程组 $\boldsymbol{f}(\boldsymbol{y})=\mathbf{0}$ 的解 $\boldsymbol{y}=\boldsymbol{y}^*$ 表示相空间中的点，它满足该常微分方程组，故称为该常微分方程组的**平衡解**、**驻定解**或**常数解**，又称为**平衡点**或**奇点**. 对于一阶常微分方程组

$$\begin{cases}\dfrac{\mathrm{d}x}{\mathrm{d}t}=f(x,y),\\[2mm]\dfrac{\mathrm{d}y}{\mathrm{d}t}=g(x,y),\end{cases}$$

其相空间又称为**相平面**，轨线族在相平面上的图形称为**相图**.

3）垂直等斜线与水平等斜线

对于常微分方程组

$$\begin{cases}\dfrac{\mathrm{d}x}{\mathrm{d}t}=f(x,y),\\[2mm]\dfrac{\mathrm{d}y}{\mathrm{d}t}=g(x,y),\end{cases}\tag{2-13-1}$$

相平面上满足 $f(x,y)=0$ 的曲线表示轨线在 x 方向的变化为 0，称之为**垂直等斜线**，过该曲线上的点的轨线切线垂直于 x 轴；而 $g(x,y)=0$ 的曲线称为**水平等斜线**，过该曲线上的点的轨线切线平行于 x 轴. 垂直等斜线与水平等斜线的交点为奇点. 可以通过垂直等斜线与水平等斜线在相平面上划分区域来判断轨线的走向.

2. 向量场的应用

1）利用向量场求常微分方程的近似解

向量场对于求解常微分方程的近似解极为重要，因为可根据向量场的走向来近似求积分曲线. 从几何上看，常微分方程 $\frac{\mathrm{d}y}{\mathrm{d}x}=f(x,y)$的一个解 $y=\varphi(x)$就是位于该常微分方程所确定的向量场中的一条曲线，此曲线所经过的每一点都与向量场在这一点的方向相切. 形象地说，解 $y=\varphi(x)$就是始终沿着向量场中的方向行进的曲线，因此求常微分方程 $\frac{\mathrm{d}y}{\mathrm{d}x}=f(x,y)$满足初始条件 $y(x_0)=y_0$ 的解，就是求通过点(x_0,y_0)的始终沿着向量场中的方向行进的一条曲线.

2）利用向量场研究常微分方程的几何性质

向量场对于研究常微分方程的几何性质也极为重要，因为可根据向量场本身的性质来研究解的性质.

3）利用 MATLAB 绘制常微分方程向量场的思路

常微分方程向量场计算与绘制的步骤如下：

步骤 1　给定常微分方程

$$\frac{dy}{dx}=f(x,y)$$

以及区域$\{(x,y)\mid x\in[x_{\min},x_{\max}],y\in[y_{\min},y_{\max}]\}$；

步骤 2　给定 x 轴的分段数 n_x（如 $n_x=30$），为保证所绘制向量场中相邻的向量上下、左右的距离相等，令 y 轴的分段数为 $n_y=\left[n_x\frac{y_{\max}-y_{\min}}{x_{\max}-x_{\min}}\right]$；

步骤 3　令 x,y 的取值分别为

$$x_i=x_{\min}+i\frac{x_{\max}-x_{\min}}{n_x}\quad(i=0,1,2,\cdots,n_x),$$

$$y_j=y_{\min}+j\frac{y_{\max}-y_{\min}}{n_y}\quad(j=0,1,2,\cdots,n_y);$$

步骤 4　由常微分方程右边的 $f(x,y)$ 求 $y(x)$ 在每个点(x_i,y_i)处的斜率 k；

步骤 5　由斜率 k 求对应的方向向量(v_x,v_y)，其中

$$v_x=\frac{1}{1+k^2},\quad v_y=\frac{k}{1+k^2};$$

步骤 6　用数据(x_i,y_i)和(v_x,v_y)调用 MATLAB 中的函数 quiver，设置颜色等参数，绘制向量场.

3. 解析解

有些常微分方程不能求出解析解或者说无解析解，但是对常见的特殊常微分方程——线性常微分方程而言，很容易求出其解析解. 一般用 MATLAB 中的函数 dsolve 求线性常微分方程的解析解.

4. 数值解

当常微分方程无解析解时，可求其数值解. 关于数值解，可以按照图 2-13-1 给出的知识脉络进行讨论.

求常微分方程数值解常用的方法有欧拉(Euler)法、变步长法、龙格-库塔(Runge-Kutta)法、龙格-库塔-费尔贝格(Runge-Kutta-Felhberg)法和亚当斯-莫尔顿(Adams-Moulton)法等. 本实验主要与欧拉法和龙格-库塔法相关.

1）欧拉法的基本思想

欧拉法的基本思想是用差商来代替常微分方程中的导数. 欧拉法可以分为向前欧拉法和向后欧拉法，其公式如下：

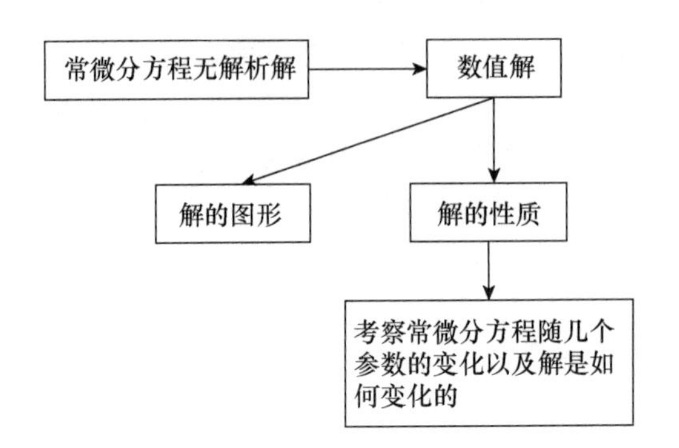

图 2-13-1 关于数值解的知识脉络图

向前欧拉公式：

$$x_{n+1}=x_n+hf(t_n,x_n),\quad n=0,1,2,\cdots;\tag{2-13-2}$$

向后欧拉公式：

$$x_{n+1}=x_n+hf(t_{n+1},x_{n+1}),\quad n=0,1,2,\cdots.$$

这里步长 h 的大小会影响计算的速度与精度.

注意 迭代次数的增加会带来较多的累积误差；向前欧拉公式的精度并不很高，使用变步长的改进欧拉公式可以提高精度.

2）龙格-库塔法基本思想

由欧拉法的基本思想（差商代替导数），很自然的想法是在区间内多取几个点，将它们的斜率加权平均作为导数的近似值，这就是龙格-库塔法的思想.

二阶龙格-库塔公式：

$$\begin{cases}x_{n+1}=x_n+h(\lambda_1k_1+\lambda_2k_2),\\ k_1=f(t_n,x_n),\\ k_2=f(t_n+\alpha h,x_n+\beta hk_1),\end{cases}\tag{2-13-3}$$

其中 $\lambda_1+\lambda_2=1,\alpha\lambda_2=\dfrac{1}{2},\beta=\alpha$.

四阶龙格-库塔公式：

$$\begin{cases}x_{n+1}=x_n+\dfrac{1}{6}h(k_1+2k_2+2k_3+k_4),\\ k_1=f(t_n,x_n),\\ k_2=f\left(t_n+\dfrac{1}{2}h,x_n+\dfrac{1}{2}hk_1\right),\\ k_3=f\left(t_n+\dfrac{1}{2}h,x_n+\dfrac{1}{2}hk_2\right),\\ k_4=f(t_n+h,x_n+hk_3).\end{cases}\tag{2-13-4}$$

上述公式的计算可以通过 MATLAB 中的函数 ode23 或 ode45 来实现.

5. 自治常微分方程的图解方法

借助相直线图解自治微分方程的具体步骤如下：

步骤 1　画出因变量 y 对应的数轴 y 轴,用平衡点将 y 轴分为若干区间.

步骤 2　在每个区间上确定 $\dot{y}$ 的符号,并在轴上标出变化箭头：若 $\dot{y}>0$,则箭头向右;否则,箭头向左.

步骤 3　计算 y'',求出 $y''=0$ 的点,用 $\dot{y}=0$ 和 $y''=0$ 的 y 值分割 y 的值域,计算所有区间上 $\dot{y}$ 及 y''的符号,用表格给出.

步骤 4　在 Oxy 平面上根据表格数据画出积分曲线.

6. 种群相互作用模型

种群相互作用模型是研究种群个体数量变化规律的模型,即研究在同一生态环境内生活的种群,在相互影响下,每个种群个体数量变化规律的模型. 两个种群的相互作用有捕食与被捕食、寄生物与寄主、相互竞争、互惠共存四种类型. 前两种类型有相同之处,即都是一种群以另一种群为食,因此这两种相互作用的关系都称**捕食关系**. 各种不同相互作用的关系都可用多种数学模型来描述. 洛特卡-沃尔泰拉(Lotka-Voterra)模型是一个非常著名的种群增长模型,至今仍被广泛应用在生态学的各种研究中.

四、实验示例

例 1　画出常微分方程 $y'=xy$ 的向量场和一些积分曲线.

解　用函数 gradient 和 quiver 绘制常微分方程的向量场,用 ode45 求常微分方程的数值解,用函数 plot 绘制常微分方程的积分曲线,具体实现的程序代码见 MATLAB 代码 13-1,运行结果如图 2-13-2 所示.

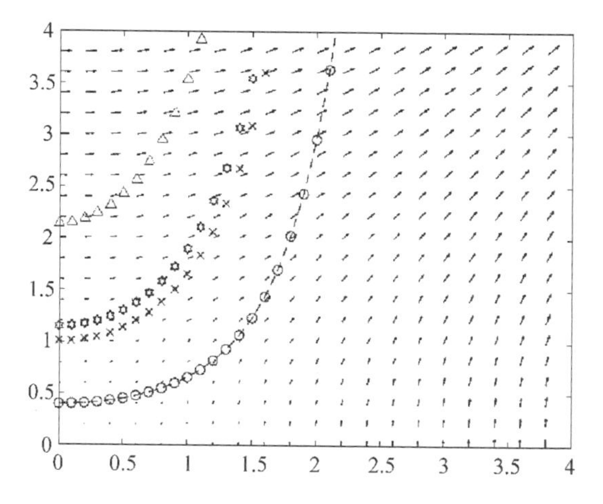

图 2-13-2　常微分方程 $y'=xy$ 的向量场与积分曲线

例 2 求解下列常微分方程(组)：

(1) $x''-x'-2x=e^{3t}\cos 2t$；

(2) $x''+2x'+x=e^{-t}, x(1)=0, x'(1)=0$；

(3) $\begin{cases} x'=x+2y,\ x(0)=0, \\ y'=x-y,\ y(0)=1. \end{cases}$

解 (1) 在命令行窗口输入：

```
>> clear
>> y1 = dsolve('D2x - Dx - 2 * x = exp(3 * t) * cos(2 * t)')
```

运行结果：

```
y1 =
    (exp(3 * t) * (cos(2 * t)  +  2 * sin(2 * t)))/15  -  (exp(3 * t) * (2
    * cos(2 * t) + sin(2 * t)))/30 + C1 * exp(2 * t) + C2 * exp( - t)
```

若要化简上述结果，可在命令行窗口输入：

```
>>pretty(y1)
```

运行结果：

```
(exp(3t) (cos(2t) + sin(2t) 2))/15 + (exp(3t) (cos(2t) 2
   + sin(2t)))/30 + C1 exp(2t) + C2 exp( - t)
```

(2) 在命令行窗口输入：

```
>>clear
>> y2 = dsolve('D2x + Dx * 2 + x = exp( - t)','x(1) = 0','Dx(1) = 0')
```

运行结果：

```
y2 =
    1/2 * exp( - t) - exp( - t) * t + 1/2 * t^2 * exp( - t)
```

(3) 在命令行窗口输入：

```
>>clear
>> [x1,y1] = dsolve('Dx = x + 2 * y,Dy = x - y','x(0) = 0','y(0) = 1','t')
```

运行结果：

```
x1 =
    (1/2 - 1/6 * 3^(1/2)) * 3^(1/2) * exp(3^(1/2) * t) - (1/2 + 1/6
    * 3^(1/2)) * 3^(1/2) * exp( - 3^(1/2) * t) + (1/2 - 1/6 * 3^(1/2))
    * exp(3^(1/2) * t) + (1/2 + 1/6 * 3^(1/2)) * exp( - 3^(1/2) * t)
y1 =
    (1/2 - 1/6 * 3^(1/2)) * exp(3^(1/2) * t) + (1/2 + 1/6 * 3^(1/2))
    * exp( - 3^(1/2) * t)
```

例 3 两个种群相互作用的洛特卡-沃尔泰拉模型的一般形式为

$$\begin{cases}\dfrac{dx}{dt}=x(a+bx+cy),\\[2mm]\dfrac{dy}{dt}=y(d+ex+fy),\end{cases}\tag{2-13-5}$$

其中 x,y 分别表示两个种群的个体数量；a,d 分别表示两个种群的内禀增长率；b,f 分别为两个种群的种内竞争系数；c,e 分别为两个种群的种间竞争系数，c,e 取不同的符号时可以表示两个种群之间的相互竞争、捕食或互惠关系.

（1）选取适当的初值，对下列两组参数画出常微分方程组(2-13-5)的相图以及两个种群个体数量与时间的关系图：

① $a=1,c=-0.5,d=-0.5,e=0.02,f=0,b=0$；

② $a=1,c=-0.1,d=-0.5,e=0.02,f=-0.0001,b=-0.001$；

（2）上述参数确定的模型是竞争模型、捕食-被捕食模型还是互惠模型？根据图形，判断哪个种群会持续生存，哪个种群将绝灭. 注意 a,b 的大小关系，再任选几组参数观察种群的持续生存或绝灭与 a,b 的大小关系之间有什么规律. 这说明了什么现象？

（3）根据(1)得到的相图中轨线的趋向，从理论上分析上述结果的必然性.

解　设 x,y 分别为种群一和种群二的个体数量.

（1）利用 MATLAB 可以画出取第一组参数时的轨线，改变其中的一些参数，就可以画出第二组参数时的轨线，从而得到所要的相图，具体实现的程序代码见 MATLAB 代码 13-2，运行结果如图 2-13-3 所示.

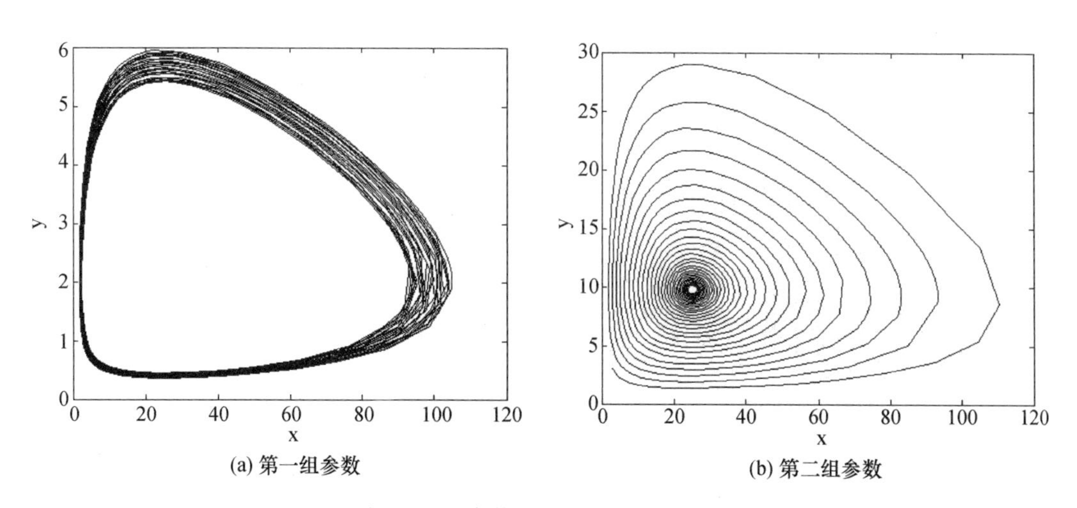

(a) 第一组参数　　(b) 第二组参数

图 2-13-3　参数取两组不同值的相图

绘制两个种群与时间的关系图的具体程序代码见 MATLAB 代码 13-3，运行结果如图 2-13-4 所示.

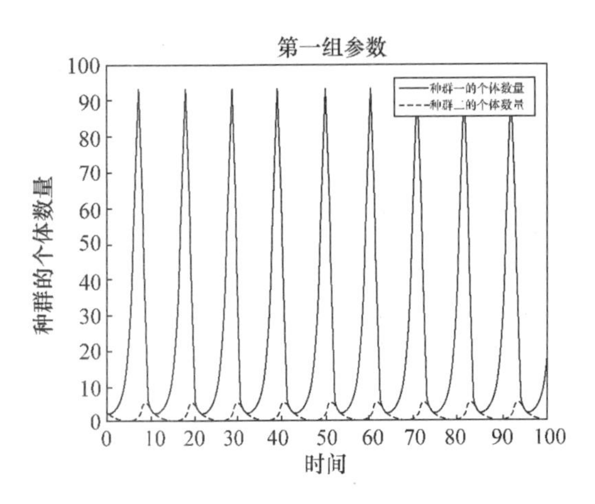

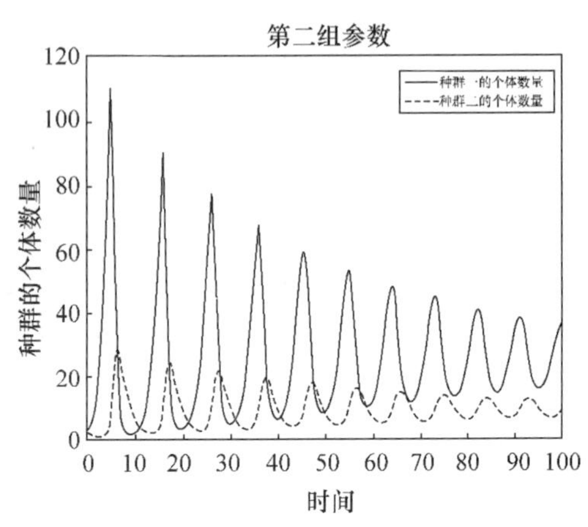

图 2-13-4　两个种群的个体数量与时间的关系

(2) 由于 $e>0, c<0$,这表示种群二是捕食者,而种群一是食饵(被捕食者),种群二的存在会制约种群一的增长,这反映了生态中两个种群之间捕食与被捕食的情形,此时模型(2-13-5)为两个种群的捕食-被捕食模型.

第一组参数中 $b, f=0$,没有种内竞争;第二组参数中 $b, f<0$,两个种群均有种内竞争.观察图 2-13-3 知,两组参数的相图均由多条闭曲线组成,这说明了种群系统的自我调节过程,揭示了捕食者与食饵在个体数量上的动态关系:具有周期性,在周期内种群的个体数量呈现振荡关系,一段时间内此消彼长,一段时间内共同增加,但是增长率随着种群个体数量的增加而减小;种内竞争影响两个种群个体数量的增长及周期性.观察图 2-13-4 可知,开始阶段,由于种群二的个体数量超过生态系统中的个体数量(换句话说,就是种群一的个体数量满足不了种群二的需求),种群二中的一些个体在一段时间内因食物缺乏而死亡,种群一的个体数量由于种群二的过多捕食而减少,当种群二的个体数量减少到一定程度时,种群一由于天敌的减少而不断繁殖,于是其个体数量增加,种群二在自身个体数量减少的同时,由于食物的增加开始不断繁殖;种群二不断繁殖,导致种群一的增长率减小,达到一定的程度时,种群一的个体数量满足不了种群二的需求,种群二的个体数量又开始减少……这样周而复始.在条件 $e>0, c<0$ 下再取几组参数进行观察,会发现仍具有周期性,在周期内种群的个体数量呈现振荡关系.

(3) 上述结果也可以通过定性分析的方法得出,下面以第一组数据为例说明.具体做法是:求平衡点(0,0),(0,2),(25,0),(25,2);作出等斜线:满足 $\frac{\mathrm{d}x}{\mathrm{d}t}=0$ 的垂直等斜线 $L_1: x(a+bx+cy)=0$ 和满足 $\frac{\mathrm{d}y}{\mathrm{d}t}=0$ 的水平等斜线 $L_2: y(d+ex+fy)=0$.具体实现的程序代码见 MATLAB 代码 13-4,运行结果如下以及如图 2-13-5 所示.

```
x1 =
```

```
    0
    25.0
y1 =
    0
    2.0
```

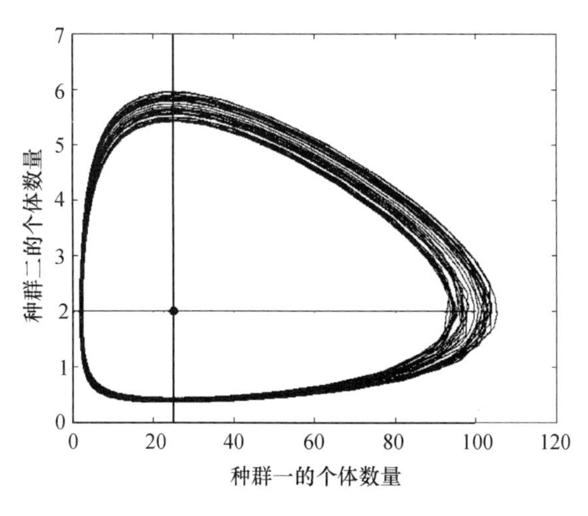

图 2-13-5　两个种群的轨线

从图 2-13-5 知等斜线把第一象限分成四个区域,根据各区域中向量场的走向,可得出四个平衡点的稳定性,即(0,0),(0,2),(25,0)是不稳定的,(25,2)是稳定的,这时常微分方程组(2-13-5)的轨线是一族围绕平衡点(25,2)的闭轨线.

练　习

1. 改变例 3 中的参数,画出相应的图形,并给出生态意义解释.
2. 经典的关于传染病的 SIR 模型为

$$\begin{cases}\dfrac{\mathrm{d}S}{\mathrm{d}t}=-\beta SI,\\ \dfrac{\mathrm{d}I}{\mathrm{d}t}=\beta SI-\gamma I,\\ \dfrac{\mathrm{d}R}{\mathrm{d}t}=\gamma I,\end{cases}\tag{2-13-6}$$

其中 $S=S(t)$,$I=I(t)$,$R=R(t)$分别是易感人群、感染人群、恢复人群在 t 时刻的人数,β 表示易感人群的感染率,γ 表示感染人群的治愈率. 试用常微分方程组的数值解分析 SIR 模型(2-13-6)的轨线趋势.

附录　MATLAB 代码

MATLAB 代码 13-1

```
%建立 M 文件 em13.m
functiondy = em13(x,y)
dy = x. * y;
%作向量场与积分曲线
clf,clear  %清除当前所有图形窗口的图形,清除当前工作空间已存变量
[x,y] = meshgrid(0:0.2:4,0:0.2:4);   %生成区域中的网格
z = x. * y;  %计算向量场
[px,py] = gradient(z);   %输出函数 z 的数值梯度,常常与 quiver 一起配合使用
quiver(x,y,px,py,0.5)   %绘制函数 z 的梯度场,得到常微分方程的向量场
hold on
axis([0,4,0,4])
[x1,y1] = ode45('em13',[0,4],0.4);   %求常微分方程的数值解
[x2,y2] = ode45('em13',[0,4],2.14);
[x3,y3] = ode45('e13',[0,4],1.15);
[x4,y4] = ode45('em13',[0,4],1);
plot(x1,y1,'o--',x2,y2,'g^',x3,y3,'mh',x4,y4,'rx')   %作积分曲线
```

MATLAB 代码 13-2

```
%建立 M 文件 vot.m
function xdot = vot(t,x)
a = 1;c = -0.5;d = -0.5;e = 0.02;f = 0;b = 0;
xdot = [x(1) * (a + b * x(1) + c * x(2));x(2) * (d + e * x(1) + f * x(2))];
%求数值解
x0 = [3 3];
[t,x] = ode45('vot',[0,300],x0);   %求常微分方程组的数值解
plot(x(:,1),x(:,2));   %作轨线
xlabel('x');
ylabel('y');
%建立 M 文件 vot1.m
```

```
function xdot = vot1(t,x)
a = 1;c = - 0.1;d = - 0.5;e = 0.02;f = - 0.001;b = - 0.001;
xdot = [x(1) * (a + b * x(1) + c * x(2));x(2) * (d + e * x(1) + f * x(2))];
%求数值解
x0 = [3 3];
[t,x] = ode45('vot1',[0,300],x0);   %求常微分方程组的数值解
plot(x(:,1),x(:,2));   %作轨线
xlabel('x');
ylabel('y');
```

MATLAB 代码 13-3

```
%取第一组参数时种群的个体数量与时间的关系图
clf,clear;   %清除当前所有图形窗口的图形,清除当前工作空间已存的变量
x0 = [3 3];
t0 = [0 100];
[t, x] = ode45('vot',t0,x0);   %求微分方程组的数值解
plot(t,x(:,1),'r',t,x(:,2),'b');xlabel('时间');ylabel('种群的个体数量');
title('第一组参数');
legend('种群一的个体数量','种群二的个体数量')
pause
%取第二组参数时种群的个体数量与时间的关系图
clf,clear;   %清除当前所有图形窗口的图形,清除当前工作空间已存的变量
x0 = [3 3];
t0 = [0 100];
[t, x] = ode45('vot1',t0,x0);   %求常微分方程组的数值解
plot(t,x(:,1),'r',t,x(:,2),'b');xlabel('时间');ylabel('种群的个体数量');
title('第二组参数');
legend('种群一的个体数量','种群二的个体数量')
pause
```

MATLAB 代码 13-4

```
%求垂直等斜线与水平等斜线的交点
clear all;clc;
syms x y;   %创建变量 x,y
```

```
[x1,y1] = solve('x * (1 - 0.5 * y) = 0', 'y * ( - 0.5 + 0.02 * x) = 0', 'x', 'y');
                                                                    %求交点坐标
%作垂直等斜线与水平等斜线
plot([0,0],[0,7],'r',[25,25],[0,7],'b',[0,100],[0,0],'r',[0,100],
    [2,2],'b');
hold on
x1 = double(x1);
y1 = double(y1);
plot(x1,y1,'r.','MarkerSize',20);   %用红色的实心点标注交点
hold on
%作轨线
x0 = [3 3];
[t,x] = ode45('vot',[0,300],x0);   %求常微分方程组的数值解
plot(x(:,1),x(:,2),'m');   %作轨线
xlabel('种群一的个体数量'),ylabel('种群二的个体数量')
grid on
```

实验十四　蒙特卡罗方法的应用

一、实验背景和目的

蒙特卡罗(Monte Carlo)方法是一种数字模拟实验,它是通过抓住事物的几何数量和几何特征,利用数学方法来加以模拟的.本实验应用蒙特卡罗方法来近似计算定积分和二重积分.通过本实验的学习,学生可以理解蒙特卡罗方法的基本原理,掌握运用蒙特卡罗方法近似计算定积分和二重积分的具体步骤.

二、相关函数

(1) unifrnd(a,b,n,m):生成 n×m 个区间[a,b]上的随机数.

(2) A=sort(x):x 为原数据组,A 为原数据由小到大排序后的数据组.

三、实验理论与方法

1. 蒙特卡罗方法的基本原理和解题步骤

蒙特卡罗方法的基本原理是:以一个概率模型为基础,按照这个模型所描绘的过程模拟实验的结果,以其作为问题的近似解.

可以把用蒙特卡罗方法求解问题的过程分为三步:

步骤 1　构造或描绘概率过程;

步骤 2　实现从已知概率分布中抽样;

步骤 3　建立各种估计量.

2. 近似计算定积分和二重积分的蒙特卡罗方法

计算定积分和二重积分的蒙特卡罗方法有两种:基于伯努利(Bernoulli)大数定律和基于辛钦(Khinchine)大数定律的蒙特卡罗方法.

下面主要以近似计算定积分 $S=\int_a^b f(x)\mathrm{d}x$ 为例进行说明.

(1) 基于伯努利大数定律的蒙特卡罗方法如下:

步骤 1　构造样本空间 $\Omega=\{(x,y)\mid a\leqslant x\leqslant b, 0\leqslant y\leqslant M\}$(其中常数 M 满足 $0<f(x)<M$),设 (X,Y) 是在 Ω 上均匀分布的二维随机变量,其联合密度函数为

$$g(x,y)=\begin{cases}\dfrac{1}{M(b-a)}, & a\leqslant x\leqslant b, 0\leqslant y\leqslant M,\\ 0, & \text{其他},\end{cases}$$

则 $S=\int_a^b f(x)\mathrm{d}x$ 是Ω中曲线 $y=f(x)$ 下方的面积.

步骤 2 向Ω中进行n次随机投点,若点落在曲线 $y=f(x)$的下方,即 $y<f(x)$,则称为投中;否则,称为投不中.那么,投中的概率为 $p=\dfrac{S}{M(b-a)}$.若投中 n_0 次,则投中的频率为$\dfrac{n_0}{n}$.

步骤 3 根据伯努利大数定律,可以用$\dfrac{n_0}{n}$来估计 $p=\dfrac{S}{M(b-a)}$,于是

$$S=\int_a^b f(x)\mathrm{d}x\approx M(b-a)\frac{n_0}{n}.$$

可用类似的方法近似计算二重积分.

(2) 基于辛钦大数定律的蒙特卡罗方法如下:

步骤 1 设 X 是服从区间$[a,b]$上均匀分布的随机变量,其密度函数为

$$g(x)=\begin{cases}\dfrac{1}{b-a}, & x\in[a,b],\\ 0, & \text{其他},\end{cases}$$

于是

$$\mathrm{E}(f(X))=\int_a^b f(x)g(x)\mathrm{d}x=\int_a^b f(x)\frac{1}{b-a}\mathrm{d}x.$$

步骤 2 在区间$[a,b]$上随机取 n 个值 $x_1,x_2,\cdots,x_n$,分别代入 $f(x)$.

步骤 3 根据辛钦大数定律,得

$$\mathrm{E}(f(X))=\int_a^b f(x)\frac{1}{b-a}\mathrm{d}x\approx\frac{1}{n}\sum_{i=1}^{n}f(x_i),$$

于是

$$\int_a^b f(x)\mathrm{d}x\approx(b-a)\frac{1}{n}\sum_{i=1}^{n}f(x_i).$$

可用类似的方法近似计算二重积分.

四、实验示例

例 用蒙特卡罗方法近似计算定积分$\int_0^{\frac{\pi}{2}}x\sin x\mathrm{d}x$ 和二重积分 $\iint\limits_{x^2+y^2\leqslant 1}\mathrm{e}^{x^2+y^2}\mathrm{d}x\mathrm{d}y$.

解 (1) 用基于辛钦大数定律的蒙特卡罗方法近似计算$\int_0^{\frac{\pi}{2}}x\sin x\mathrm{d}x$,具体步骤如下:

步骤 1 设 X 是服从区间$\left[0,\dfrac{\pi}{2}\right]$上均匀分布的随机变量,其密度函数为

$$g(x)=\begin{cases}1\Big/\left(\dfrac{\pi}{2}\right), & x\in\left[0,\dfrac{\pi}{2}\right],\\ 0, & \text{其他},\end{cases}$$

且有

$$\mathrm{E}(X\sin X)=\int_0^{\frac{\pi}{2}} x\sin x\cdot\frac{2}{\pi}\mathrm{d}x.$$

步骤 2　在区间$\left[0,\dfrac{\pi}{2}\right]$上随机取 n 个值 $x_1,x_2,\cdots,x_n$ 分别代入 $f(x)=x\sin x$，得 n 个估计值 $f(x_i)$.

步骤 3　$\displaystyle\int_0^{\frac{\pi}{2}} x\sin x\mathrm{d}x\approx\frac{\pi}{2}\cdot\frac{1}{n}\sum_{i=1}^{n}x_i\sin x_i.$

取 $n=50$，实现上述计算过程的具体程序代码见 MATLAB 代码 14-1，运行结果如下：

```
b =
   0.9989
```

所以

$$\int_0^{\frac{\pi}{2}} x\sin x\mathrm{d}x\approx 0.9989.$$

(2) 用基于伯努利大数定律的蒙特卡罗方法近似计算 $\displaystyle\iint\limits_{x^2+y^2\leqslant 1} e^{x^2+y^2}d\mathrm{x}d\mathrm{y}$，具体步骤如下：

步骤 1　构造样本空间 $\Omega=\{(x,y,z)\mid -1\leqslant x\leqslant 1,-1\leqslant y\leqslant 1,0\leqslant z\leqslant \mathrm{e}\}$，设$(X,Y,Z)$是服从 Ω 上均匀分布的三维随机变量.

步骤 2　向 Ω 中进行 n 次随机投点，设有 m 个点落在区域 $x^2+y^2\leqslant 1$ 内，这 m 个点中满足 $z\leqslant \mathrm{e}^{x^2+y^2}$ 的点有 s 个.

步骤 3　$\displaystyle\iint\limits_{x^2+y^2\leqslant 1}\mathrm{e}^{x^2+y^2}\mathrm{d}x\mathrm{d}y\approx\pi\cdot\mathrm{e}\cdot\frac{s}{m}.$

取 $n=10\ 000$，实现上述计算过程的具体程序代码见 MATLAB 代码 14-2，运行结果如下：

```
sum =
     5.3274
```

所以

$$\iint\limits_{x^2+y^2\leqslant 1}\mathrm{e}^{x^2+y^2}\mathrm{d}x\mathrm{d}y\approx 5.3274.$$

练　　习

用蒙特卡罗方法近似计算定积分 $\displaystyle\int_0^1\mathrm{e}^{x^2}\mathrm{d}x$ 和二重积分 $\displaystyle\iint\limits_{x^2+y^2\leqslant 1}\frac{1}{\sqrt{1+x^4+y^4}}\mathrm{d}x\mathrm{d}y$，并对误差进行估计.

附录　MATLAB 代码

MATLAB 代码 14-1

```
%计算定积分
s = 0;m = 0; n = 50;
for i = 1:n
    a = unifrnd(0,pi/2,n,1);
    x = sort(a); y = pi/2 * (x(i) * sin(x(i))); s = s + y;
end
b = s/n;
fprintf('b = %.4f\n',b);
```

MATLAB 代码 14-2

```
%计算二重定积分
n = 10000;sum = 0;m = 0;s = 0;
X = unifrnd( - 1,1,n,1);Y = unifrnd( - 1,1,n,1);Z = unifrnd(0,exp(1),n,1);
for i = 1:n
      if(X(i)^2 + Y(i)^2< = 1)
            m = m + 1;
            if(Z(i)< = exp(X(i)^2 + Y(i)^2))
                s = s + 1;
            end
      end
end
sum = pi * exp(1) * s/m
```

实验十五　基于判别分析的数据分类

一、实验背景和目的

判别分析又称分辨法，是在分类确定的条件下，根据某一研究对象的各种数字特征判别其类型归属的一种多元统计分析方法. 本实验运用判别分析对蠓虫进行分类. 本实验通过有关判别类型归属的实例，让学生理解判别分析的基本原理，掌握运用判别分析对事物进行分类的具体步骤.

二、相关函数

(1) cov(x,y)：求协方差，其中 x,y 为样本数据(向量或矩阵).

(2) inv(A)：求矩阵 A 的逆矩阵.

三、实验理论与方法

判别分析的基本原理是：按照一定的判别准则，建立一个或多个判别函数，用有关研究对象的一些资料确定判别函数中的待定系数，并计算判别指标，进而确定某一个体属于何类型.

判别分析可以这样描述：设有总体 $G_1,G_2,\cdots,G_m$，它们都有指标 $x_1,x_2,\cdots,x_p$，通过来自总体 $G_i(i=1,2,\cdots,m)$的样本 $\boldsymbol{x}_1^{(i)},\boldsymbol{x}_2^{(i)},\cdots,\boldsymbol{x}_{n_i}^{(i)}$，建立判别函数 $W(x_1,x_2,\cdots,x_p)$. 对任一待判个体观察值 $\boldsymbol{x}=(x_1,x_2,\cdots,x_p)'$，只要将其代入判别函数，根据所得的函数值，便可判断 $\boldsymbol{x}$ 是属于这 m 个总体中的哪一个.

距离判别法和贝叶斯(Bayes)判别法是两种常用的判别分析方法.

1. 距离判别法

距离判别法的基本思想：根据来自各总体的数据，分别计算其重心，即均值，对于任给的一次观测数据，若它与第 i 个总体G_i 的重心距离最近，就认为它来自总体 G_i. 距离判别法对各总体的分布并无特定的要求.

下面以两个总体为例介绍距离判别法. 设有两个总体 G_1,G_2，从总体 G_1 中抽取一个容量为 n_1 的样本，从总体 G_2 中抽取一个容量为 n_2 的样本，每个样本测量 p 个指标 x_1，$x_2,\cdots,x_p$，得到表 2-15-1 和表 2-15-2.

今任取一个个体，测得指标值为 $\boldsymbol{x}=(x_1,x_2,\cdots,x_p)'$，问：应判定 $\boldsymbol{x}$ 属于哪一总体?

表 2-15-1　总体 G_1 的样本及其指标

样本	指标			
	x_1	x_2	…	x_p
$\boldsymbol{x}_1^{(1)}$	$x_{11}^{(1)}$	$x_{12}^{(1)}$	…	$x_{1p}^{(1)}$
$\boldsymbol{x}_2^{(1)}$	$x_{21}^{(1)}$	$x_{22}^{(1)}$	…	$x_{2p}^{(1)}$
⋮	⋮	⋮		⋮
$\boldsymbol{x}_{n_1}^{(1)}$	$x_{n_1 1}^{(1)}$	$x_{n_1 2}^{(1)}$	…	$x_{n_1 p}^{(1)}$
均值	$\overline{x}_1^{(1)}$	$\overline{x}_2^{(1)}$	…	$\overline{x}_p^{(1)}$

表 2-15-2　总体 G_2 的样本及其指标

样本	指标			
	x_1	x_2	…	x_p
$\boldsymbol{x}_1^{(2)}$	$x_{11}^{(2)}$	$x_{12}^{(2)}$	…	$x_{1p}^{(2)}$
$\boldsymbol{x}_2^{(2)}$	$x_{21}^{(2)}$	$x_{22}^{(2)}$	…	$x_{2p}^{(2)}$
⋮	⋮	⋮		⋮
$\boldsymbol{x}_{n_2}^{(2)}$	$x_{n_2 1}^{(2)}$	$x_{n_2 2}^{(2)}$	…	$x_{n_2 p}^{(2)}$
均值	$\overline{x}_1^{(2)}$	$\overline{x}_2^{(2)}$	…	$\overline{x}_p^{(2)}$

记 $\overline{\boldsymbol{x}}^{(i)}=(\overline{x}_1^{(i)},\overline{x}_2^{(i)},\cdots,\overline{x}_p^{(i)})',i=1,2$. 设 $\boldsymbol{\mu}^{(1)},\boldsymbol{\mu}^{(2)}$ 和 $\boldsymbol{\Sigma}^{(1)},\boldsymbol{\Sigma}^{(2)}$ 分别为总体 G_1,G_2 的均值向量和协方差矩阵,并假设 $\boldsymbol{\Sigma}^{(1)}=\boldsymbol{\Sigma}^{(2)}=\boldsymbol{\Sigma}$. 当 $\boldsymbol{\Sigma},\boldsymbol{\mu}^{(1)},\boldsymbol{\mu}^{(2)}$ 未知时,可通过样本来估计它们. 设 $\boldsymbol{x}_1^{(i)},\boldsymbol{x}_2^{(i)},\cdots,\boldsymbol{x}_{n_i}^{(i)}$ 来自总体 $G_i(i=1,2)$ 的样本,则有

$$\hat{\boldsymbol{\mu}}^{(1)}=\frac{1}{n_1}\sum_{i=1}^{n_1}\boldsymbol{x}_i^{(1)}=\overline{\boldsymbol{x}}^{(1)}, \tag{2-15-1}$$

$$\hat{\boldsymbol{\mu}}^{(2)}=\frac{1}{n_2}\sum_{i=1}^{n_2}\boldsymbol{x}_i^{(2)}=\overline{\boldsymbol{x}}^{(2)}, \tag{2-15-2}$$

$$\hat{\boldsymbol{\Sigma}}=\frac{1}{n_1+n_2-2}(\boldsymbol{s}_1+\boldsymbol{s}_2), \tag{2-15-3}$$

其中

$$\boldsymbol{s}_i=\sum_{t=1}^{n_i}(\boldsymbol{x}_t^{(i)}-\boldsymbol{x}^{(i)})(\boldsymbol{x}_t^{(i)}-\boldsymbol{x}^{(i)})'\ (i=1,2).$$

用距离判别法进行判别分析的步骤如下:

步骤 1　计算个体观察值 $\boldsymbol{x}$ 到总体 G_1,G_2 的距离,分别记为 $D(\boldsymbol{x},G_1)$ 和 $D(\boldsymbol{x},G_2)$. 由于马氏距离在多元统计分析中经常用到,这里以马氏距离为例进行讨论. 如果距离采用马氏距离,则有

$$D^2(\boldsymbol{x},G_i)=(\boldsymbol{x}-\boldsymbol{\mu}^{(i)})'\boldsymbol{\Sigma}^{-1}(\boldsymbol{x}-\boldsymbol{\mu}^{(i)})\quad(i=1,2). \tag{2-15-4}$$

步骤 2　考察 $D^2(\boldsymbol{x},G_2)$ 及 $D^2(\boldsymbol{x},G_1)$ 的差，就有

$$\begin{aligned}D^2(\boldsymbol{x},G_2)-D^2(\boldsymbol{x},G_1)&=\boldsymbol{x}'\boldsymbol{\Sigma}^{-1}\boldsymbol{x}-2\boldsymbol{x}'\boldsymbol{\Sigma}^{-1}\boldsymbol{x}\boldsymbol{\mu}^{(2)}+(\boldsymbol{\mu}^{(2)})'\boldsymbol{\Sigma}^{-1}\boldsymbol{\mu}^{(2)}\\&\quad-[\boldsymbol{x}'\boldsymbol{\Sigma}^{-1}\boldsymbol{x}-2\boldsymbol{x}'\boldsymbol{\Sigma}^{-1}\boldsymbol{\mu}^{(1)}+(\boldsymbol{\mu}^{(1)})'\boldsymbol{\Sigma}^{-1}\boldsymbol{\mu}^{(1)}]\\&=2\boldsymbol{x}'\boldsymbol{\Sigma}^{-1}(\boldsymbol{\mu}^{(1)}-\boldsymbol{\mu}^{(2)})-(\boldsymbol{\mu}^{(1)}+\boldsymbol{\mu}^{(2)})'\boldsymbol{\Sigma}^{-1}(\boldsymbol{\mu}^{(1)}-\boldsymbol{\mu}^{(2)})\\&=2\left[\boldsymbol{x}-\frac{1}{2}(\boldsymbol{\mu}^{(1)}+\boldsymbol{\mu}^{(2)})\right]'\boldsymbol{\Sigma}^{-1}(\boldsymbol{\mu}^{(1)}-\boldsymbol{\mu}^{(2)}).\end{aligned}$$

令 $\overline{\boldsymbol{\mu}}=\frac{1}{2}(\boldsymbol{\mu}^{(1)}+\boldsymbol{\mu}^{(2)})$，$W(\boldsymbol{x})=(\boldsymbol{x}-\overline{\boldsymbol{\mu}})'\boldsymbol{\Sigma}^{-1}(\boldsymbol{\mu}^{(1)}-\boldsymbol{\mu}^{(2)})$.

步骤 3　利用 $W(\boldsymbol{x})$ 进行判别，准则如下：

$$\begin{cases}\boldsymbol{x}\text{ 属于 }G_1, & \text{当 }W(\boldsymbol{x})>0,\text{即 }D^2(\boldsymbol{x},G_2)>D^2(\boldsymbol{x},G_1)\text{ 时},\\ \boldsymbol{x}\text{ 属于 }G_2, & \text{当 }W(\boldsymbol{x})<0,\text{即 }D^2(\boldsymbol{x},G_2)<D^2(\boldsymbol{x},G_1)\text{ 时},\\ \text{待判}, & \text{当 }W(\boldsymbol{x})=0,\text{即 }D^2(\boldsymbol{x},G_2)=D^2(\boldsymbol{x},G_1)\text{ 时}.\end{cases} \tag{2-15-5}$$

注意　当两个总体靠得很近($|\boldsymbol{\mu}^{(1)}-\boldsymbol{\mu}^{(2)}|$很小)时，无论用何种判别分析方法，错判的概率都很大，这时做判别分析是没有意义的. 因此，只有当两个总体的均值有显著差异时，做判别分析才有意义.

距离判别法的 MATLAB 算法步骤如下：

步骤 1　计算总体 G_1，G_2 的样本均值和样本方差：

$$\boldsymbol{\mu}_1=\text{mean}(G_1),\quad \boldsymbol{\mu}_2=\text{mean}(G_2),\quad \boldsymbol{S}_1=\text{cov}(G_1),\quad \boldsymbol{S}_2=\text{cov}(G_2).$$

步骤 2　计算两个总体的样本协方差：

$$\boldsymbol{S}=\frac{(n_1-1)\boldsymbol{S}_1+(n_2-1)\boldsymbol{S}_2}{n_1+n_2-2}.$$

步骤 3　计算个体观察值 $\boldsymbol{x}$ 到两个总体的马氏距离平方之差：

$$\boldsymbol{W}(\boldsymbol{x})=(\boldsymbol{\mu}_1-\boldsymbol{\mu}_2)\boldsymbol{S}^{-1}\left[\boldsymbol{x}-\frac{(\boldsymbol{\mu}_1+\boldsymbol{\mu}_2)}{2}\right]'.$$

步骤 4　若 $W(\boldsymbol{x})>0$，则 $\boldsymbol{x}$ 属于 G_1；若 $W(\boldsymbol{x})<0$，$\boldsymbol{x}$ 属于 G_2.

2. 贝叶斯判别法

贝叶斯判别法的基本思想：假定对所研究的对象已有一定的认识，常用先验概率来描述这种认识. 设有 k 个总体 $G_1,G_2,\cdots,G_k$，它们的先验概率分别为 $q_1,q_2\cdots,q_k$(它们可以由经验给出，也可以通过估计得到)，密度函数分别为 $f_1(\boldsymbol{x}),f_2(\boldsymbol{x}),\cdots,f_k(\boldsymbol{x})$(在离散情形下是分布律)，在得到一个个体观察值 $\boldsymbol{x}$ 的情况下，可用著名的贝叶斯公式计算来自第 i 个总体 G_i 的后验概率(相对于先验概率来说，将其称为后验概率)：

$$P(i|\boldsymbol{x})=\frac{q_i f_i(\boldsymbol{x})}{\sum\limits_{j=1}^{k}q_j f_j(\boldsymbol{x})}\quad(i=1,2,\cdots,k). \tag{2-15-6}$$

当 $P(t|\boldsymbol{x})=\max\limits_{1\leqslant i\leqslant k}P(i|\boldsymbol{x})$ 时，判定 $\boldsymbol{x}$ 来自第 t 个总体.

在实际问题中遇到的许多总体往往服从正态分布，下面给出 p 元正态总体的贝叶斯判别法步骤：

步骤 1 计算总体 $G_i(i=1,2,\cdots,k)$ 的先验概率 q_i 并给出密度函数 $f_i(\boldsymbol{x})$（如果是离散情形，则是分布律）. 对于先验概率，如果没有更好的办法确定，可用样本观察值的频率代替，即令 $q_i=\frac{n_i}{n}$ $(i=1,2,\cdots,k)$，其中 n_i 为用于建立判别函数的来自各总体的样本观察值中来自第 i 个总体的数目，且 $n_1+n_2+\cdots+n_k=n$. 或者干脆令先检概率相等，即 $q_i=\frac{1}{k}$ $(i=1,2,\cdots,k)$，这时可以认为先验概率不起作用. p 元正态分布的密度函数为

$$f_i(\boldsymbol{x}) = (2\pi)^{-\frac{p}{2}} \left|\boldsymbol{\Sigma}^{(i)}\right|^{-\frac{1}{2}} \exp\left\{-\frac{1}{2}(\boldsymbol{x}-\boldsymbol{\mu}^{(i)})'(\boldsymbol{\Sigma}^{(i)})^{-1}(\boldsymbol{x}-\boldsymbol{\mu}^{(i)})\right\}. \quad (2\text{-}15\text{-}7)$$

步骤 2 给出判别函数. 把 $f_i(\boldsymbol{x})$ 代入 $P(i|\boldsymbol{x})$ 的表达式中. 因为我们只要寻找使 $P(i|\boldsymbol{x})$ 最大的 i，而分式中的分母不论 i 为何值都是常数，所以可改为寻找使 $q_if_i(\boldsymbol{x})$ 最大的 i. 对 $q_if_i(\boldsymbol{x})$ 取对数并去掉与 i 无关的项，记为

$$\begin{aligned} Z(i|\boldsymbol{x}) &= \ln q_i - \frac{1}{2}\ln\left|\boldsymbol{\Sigma}^{(i)}\right| - \frac{1}{2}(\boldsymbol{x}-\boldsymbol{\mu}^{(i)})'(\boldsymbol{\Sigma}^{(i)})^{-1}(\boldsymbol{x}-\boldsymbol{\mu}^{(i)}) \\ &= \ln q_i - \frac{1}{2}\ln\left|\boldsymbol{\Sigma}^{(i)}\right| - \frac{1}{2}\boldsymbol{x}'[(\boldsymbol{\Sigma}^{(i)})^{-1}]'\boldsymbol{x} - \frac{1}{2}(\boldsymbol{\mu}^{(i)})'(\boldsymbol{\Sigma}^{(i)})^{-1}\boldsymbol{\mu}^{(i)} + \boldsymbol{x}'(\boldsymbol{\Sigma}^{(i)})^{-1}\boldsymbol{\mu}^{(i)} \\ &\qquad (i=1,2,\cdots,k). \end{aligned}$$

假定 k 个总体的协方差矩阵相同，即 $\boldsymbol{\Sigma}^{(1)}=\boldsymbol{\Sigma}^{(2)}=\cdots=\boldsymbol{\Sigma}^{(k)}=\boldsymbol{\Sigma}$，这时 $Z(i|\boldsymbol{x})$ 中 $\frac{1}{2}\ln\left|\boldsymbol{\Sigma}^{(i)}\right|$ 和 $\frac{1}{2}\boldsymbol{x}'(\boldsymbol{\Sigma}^{(i)})^{-1}\boldsymbol{x}$ 两项与 i 无关，可以去掉，最终得到如下形式的判别函数：

$$y(i|\boldsymbol{x}) = \ln q_i - \frac{1}{2}(\boldsymbol{\mu}^{(i)})'\boldsymbol{\Sigma}^{-1}\boldsymbol{\mu}^{(i)} + \boldsymbol{x}'\boldsymbol{\Sigma}^{-1}\boldsymbol{\mu}^{(i)} \quad (i=1,2,\cdots,k). \quad (2\text{-}15\text{-}8)$$

步骤 3 将个体观察值 $\boldsymbol{x}$ 代入 $y(i|\boldsymbol{x})$ $(i=1,2,\cdots,k)$ 中，$\boldsymbol{x}$ 属于使 $y(i|\boldsymbol{x})$ 最大的第 i 个总体.

两个总体情形下贝叶斯判别法的 MATLAB 算法步骤如下：

步骤 1 分别计算总体 G_1,G_2 的样本均值和样本方差：

$$\boldsymbol{\mu}_1=\text{mean}(G_1),\quad \boldsymbol{\mu}_2=\text{mean}(G_2),\quad \boldsymbol{S}_1=\text{cov}(G_1),\quad \boldsymbol{S}_2=\text{cov}(G_2);$$

步骤 2 计算两个总体样本的协方差：

$$\boldsymbol{S}=\frac{(n_1-1)\boldsymbol{S}_1+(n_2-1)\boldsymbol{S}_2}{n_1+n_2-2};$$

步骤 3 计算个体观察值 $\boldsymbol{x}$ 分别属于两个总体时的判别函数之差：

$$\begin{aligned} W(\boldsymbol{x}) &= \left(\ln q_1 - \frac{1}{2}\boldsymbol{\mu}_1\boldsymbol{S}^{-1}\boldsymbol{\mu}_1' + \boldsymbol{x}\boldsymbol{S}^{-1}\boldsymbol{\mu}_1'\right) \\ &\quad - \left(\ln q_2 - \frac{1}{2}\boldsymbol{\mu}_2\boldsymbol{S}^{-1}\boldsymbol{\mu}_2' + \boldsymbol{x}\boldsymbol{S}^{-1}\boldsymbol{\mu}_2'\right); \end{aligned}$$

步骤 4　若 $W(\boldsymbol{x})>0$,则 $\boldsymbol{x}$ 属于 G_1;若 $W(\boldsymbol{x})<0$,则 $\boldsymbol{x}$ 属于 G_2.

四、实验示例

例　螺虫是昆虫,分为很多种类,其中有一类名为 Af 的螺虫是能传播花粉的益虫,另一类名为 Apf 的螺虫是会传播疾病的害虫,这两类螺虫在形态上十分相似,很难区别.现测得 6 只 Apf 和 9 只 Af 的触角和翅膀的长度(单位：mm)数据如下：

Apf：(1.14,1.78),(1.18,1.96),(1.20,1.86),(1.26,2.00),
(1.28,2.00),(1.30,1.96);

Af：(1.24,1.72),(1.36,1.74),(1.38,1.64),(1.38,1.82),(1.38,1.90),
(1.40,1.70),(1.48,1.82),(1.54,1.82),(1.56,2.08).

假设这两类螺虫的协方差矩阵相等,现有 3 只螺虫,其触角和翅膀长度(单位：mm)数据分别为(1.24,1.80),(1.04,1.20),(1.40,2.04),试判断它们分别属于哪一类(分别用距离判别法和贝叶斯判别法判断).

解　(1) 用距离判别法,具体实现的程序代码见 MATLAB 代码 15-1,运行结果如下：

```
第 1 只螺虫属于 Af 类
第 2 只螺虫属于 Af 类
第 3 只螺虫属于 Af 类
```

(2) 用贝叶斯判别法,具体程序代码见 MATLAB 代码 15-2,运行结果如下：

```
第 1 只螺虫属于 Af 类
第 2 只螺虫属于 Apf 类
第 3 只螺虫属于 Af 类
```

从运行结果可看出,第 2 只螺虫从“距离”的角度分类属于 Af 类,但从贝叶斯后验概率最大化的角度来说属于 Apf 类.

练　习

为研究舒张期血压和血浆胆固醇对冠心病的作用,收集了冠心病人 9 例和正常人 10 例的舒张压(单位：kPa)和胆固醇指标(单位：mmol/L)数据如下：

冠心病人：(9.86,5.18),(13.33,3.73),(14.66,3.89),(9.33,7.10),(12.80,5.49),
(10.66,4.09),(10.66,4.45),(13.33,3.63),(13.33,5.96);

正常人：(10.66,2.07),(12.53,4.45),(13.33,3.06),(9.33,3.94),(10.66,4.45),
(10.66,4.92),(9.33,3.68),(10.66,2.77),(10.66,3.21),(10.66,5.02).

若冠心病人与正常人的舒张压和胆固醇指标的协方差矩阵相等,现有 3 人的舒张压(单位：kPa)和胆固醇指标(单位：mmol/L)数据分别为(8.65,4.32),(9.77,3.68),(10.88,6.26),试判别他们是正常人还是冠心病人.

附录 MATLAB 代码

MATLAB 代码 15-1

```
%基于距离判别法对蠓虫进行判别分析
Apf=[1.14,1.78;1.18,1.96;1.20,1.86;1.26,2.00;1.28,2.00;1.30,1.96];
Af=[1.24,1.72;1.36 1.74;1.38,1.64;1.38,1.82;1.38,1.90;1.40,1.70;
    1.48,1.82;1.54,1.82;1.56,2.08];
X=[1.24,1.80;1.04,1.20;1.40,2.04];
a1=mean(Apf); a2=mean(Af);
b1=cov(Apf); b2=cov(Af);
s=(5* b1+8* b2)/13;
for i=1:3
  w(i)=(X(i,:)- a1)*inv(b1)* (X(i,:)- a1)'-(X(i,:)- a2)*inv(b2)
        * (X(i,:)- a2)';
  if w(i)>0
        disp(['第',num2str(i),'只蠓虫属于 Af 类']);
        else if w(i)<0
            disp(['第',num2str(i),'只蠓虫属于 Apf 类']);
            else  disp(['第',num2str(i),'待定']);
        end
    end
end
```

MATLAB 代码 15-2

```
%基于贝叶斯判别法对蠓虫进行判别分析
Apf=[1.14,1.78;1.18,1.96;1.20,1.86;1.26,2.00;1.28,2.00;1.30,1.96];
Af=[1.24,1.72;1.36 1.74;1.38,1.64;1.38,1.82;1.38,1.90;1.40,1.70;
    1.48,1.82;1.54,1.82;1.56,2.08];
X=[1.24,1.80;1.04,1.20;1.40,2.04];
a1=mean(Apf); a2=mean(Af);
b1=cov(Apf); b2=cov(Af);
s=(5* b1+8* b2)/13;
```

```
for i = 1:3
    w1(i) = a1 * inv(s) * X(i,:)' - (1/2) * a1 * inv(s) * a1' + log(0.4);
    w2(i) = a2 * inv(s) * X(i,:)' - (1/2) * a2 * inv(s) * a2' + log(0.6);
    if w1(i)>= w2(i)
        disp (['第',num2str(i),'只蠓虫属于 Af 类']);
    else
        disp (['第',num2str(i),'只蠓虫属于 Apf 类']);
    end
end
```

实验十六　数据的多元统计分析

一、实验背景和目的

如果每个个体有多个观测数据，或者从数学上说，如果个体的观测数据能表示为 p 维欧几里得空间中的点，那么这样的数据叫作多元数据. 分析多元数据的统计方法叫作多元统计分析，它是数理统计学的一个重要分支学科. 重要的多元统计分析有回归分析、判别分析、聚类分析、主成分分析、因子分析等. 本实验通过具体实例，让学生掌握一些常见多元统计分析的方法，体会多元统计分析在实际中的应用.

二、相关函数

(1) mean(x)：求样本均值，其中 x 为样本数据.

(2) var(x)：求样本方差，其中 x 为样本数据.

(3) zscore(x)：对数据进行标准化，其中 x 为原始数据.

(4) kstest(x)：对数据进行正态性检验，其中 x 为标准化数据.

(5) ttest2(x,y,alpha)：做两个正态总体均值的 t 检验，其中 x,y 分别为两个总体的样本数据，alpha 为显著性水平.

(6) kmeans(x,k)：进行 k 均值聚类，其中 x 为原始数据，k 为类别数.

(7) pcacov(x)：进行主成分分析，其中 x 为协方差矩阵.

(8) stepwise(x,y)：进行逐步回归分析，其中 x 为自变量数据，y 为因变量数据.

三、实验理论与方法

1. 数据标准化

若数据之间量纲相差太大，研究其相关关系或做数据的比较时都会受量纲的影响，所以要对数据进行标准化处理：

$$z=\frac{x-\mu}{\sigma},$$

其中 μ 为均值，σ 为标准差，x 为原始数据.

2. 两个正态总体均值的 t 检验

两个正态总体均值的 t 检验原理：提出原假设 $H_0:\mu_1=\mu_2$，其中 μ_1,μ_2 为两个正态总体的均值. 给定显著性水平 α(一般为 0.05)，先构造检验统计量 T，给出原假设的拒绝域与接受域；再根据样本数据计算检验统计量 T 的值，若其值落入拒绝域，就拒绝原假设，否则就接受原假设.

MATLAB 中用于两个正态总体均值 t 检验的函数为 ttest2.

3. 主成分分析

在用统计分析方法研究有关多变量的课题时，变量个数太多就会增加课题的复杂性.人们自然希望变量个数较少而得到的信息较多.很多时候，变量之间是有一定的相关关系的，当两个变量之间有一定相关关系时，可以解释为这两个变量反映此课题的信息有一定的重叠.主成分分析就是设法将原来变量重新组合成一组新的互相无关的综合变量，同时根据实际需要从中取出几个综合变量尽可能多地反映原来变量的信息的统计方法，是数学上用来降维的一种方法.

主成分分析的核心问题有两个：一是如何构造综合变量；二是如何选择主成分.

设原来变量为 $x_1, x_2, \cdots, x_n$，新的综合变量为 $f_1, f_2, \cdots, f_n$.先来构造第一个综合变量 f_1：寻找 $a_{11}, a_{12}, \cdots, a_{1n}$，使 $\mathrm{Var}(a_{11}x_1+a_{12}x_2+\cdots+a_{1n}x_n)$ 最大(同时要求 $a_{11}^2+a_{12}^2+\cdots+a_{1n}^2=1$，否则系数可以选择无穷大).取 $f_1=a_{11}x_1+a_{12}x_2+\cdots+a_{1n}x_n$.因为在信息学中变量方差越大说明它含有的信息量就越多，所以在新的综合变量中 f_1 所含信息量是最多的.接着用同样的方法来构造第二个综合变量 f_2，即构造关于 $x_1, x_2, \cdots, x_n$ 的第二个线性组合.为了有效地反映原来变量的信息，f_1 已有的信息就不需要再出现在 f_2 中，用数学语言表达就是要求 $\mathrm{cov}(f_1, f_2)=0$.依此类推，就可以构造出 $f_3, \cdots, f_n$.这样，我们只需要选取前 m 个综合变量($m<n$)作为主成分，就可以包含原来变量的大部分信息，同时达到了降维的目的.

主成分分析法的具体计算过程如下：

步骤 1　将原始数据标准化，以消除变量间在数量级和量纲上的不同；

步骤 2　求数据集的协方差矩阵，并计算矩阵的特征值和特征向量(理论可以证明各特征值就是相应综合变量的方差，特征向量就是对应的线性组合系数)；

步骤 3　对特征值进行由大到小的排序，计算特征值的贡献率以及前 m 个特征值的累计贡献率，得到相应综合变量的贡献率以及前 m 个综合变量的累计贡献率；

步骤 4　确定主成分：前 m 个综合变量包含的信息总量(其累积贡献率)不低于 80%时，可取前 m 个综合变量作为主成分来反映原变量的信息.

利用 MATLAB 做主成分分析的命令格式如下：

```
[coeff,latent,explained] = pcacov(V)
```

其中输入参数 V 是总体或样本的协方差矩阵或相关系数矩阵，对于 n 维总体，V 是 $n\times n$ 矩阵；输出参数 coeff 是 n 个综合变量的系数矩阵，它是 $n\times n$ 矩阵，它的第 i 列是第 i 个综合变量的系数向量；输出参数 latent 是由 n 个综合变量的方差构成的向量，即 V 的 n 个特征值(从大到小)构成的向量；输出参数 explained 是 n 个综合变量的贡献率向量，已经转化为百分比.

4. 聚类分析

聚类分析的基本原则是：把属性相似程度较高的样本聚合为一类，相似程度较低的分开. 从对样本和变量进行分类的角度，也可以将聚类分析分为样本系统聚类分析和变量系统聚类分析. 下面主要介绍样本系统聚类分析.

样本系统聚类分析有两种基本方法：系统聚类法和 k 均值聚类法.

系统聚类法的 MATLAB 算法步骤如下：

步骤 1 按照马氏距离计算各样本的距离；

步骤 2 按距离远近进行聚类；

步骤 3 画出聚类系统图.

MATLAB 中实现 k 均值聚类法的函数是 kmeans.

5. 回归分析

回归分析是分析变量之间关系的一种统计方法，当因变量和自变量之间是线性关系，且自变量有多个时，它就叫作多元线性回归分析，其统计模型的一般形式为

$$Y = \beta_0 + \beta_1 X_1 + \beta_2 X_2 + \cdots + \beta_n X_n + \varepsilon,$$

其中 $\beta_0, \beta_1, \beta_2, \cdots, \beta_n$ 为回归系数，ε 为误差项. 这时，回归方程是

$$Y = \beta_0 + \beta_1 X_1 + \beta_2 X_2 + \cdots + \beta_n X_n.$$

进行多元线性回归分析时，若自变量之间高度相关，可能会使回归分析的结果混乱，甚至会把分析引入歧途. 在建立模型之前对所收集的自变量进行一定的筛选，去掉那些不必要的自变量，不仅可使建立模型变得容易，而且可使模型更容易求解和解释. 变量选择的方法主要有向前选择法、向后剔除法、逐步回归法、最优子集法等. 这里主要介绍逐步回归法.

逐步回归法是引进变量回归法和剔除变量回归法的综合运用，其基本原理是：按各自变量对因变量作用的大小，由大到小依次逐个引入回归方程，每引入一个自变量，要对回归方程中的每个自变量(包括刚被引入的自变量)的作用做显著性检验，当发现一个或几个自变量的作用无显著性意义时，即行剔除；每剔除一个变量后，也要对仍留在回归方程中的自变量逐个做显著性检验，如果发现回归方程中还存在作用无显著性意义的自变量，再予以剔除. 这个过程反复进行，直至没有自变量可以引入，也没有自变量可以从回归方程中剔除为止.

第 l 步引入或剔除一个自变量 x_j，取决于以下的假设检验：

$$H_0: \beta_j = 0, \quad H_1: \beta_j \neq 0,$$

其中 β_j 为 X_j 的回归系数，此时检验统计量取为

$$F = \frac{SS_1^{(l)}(X_j)}{SS_2^{(l)}(n-p-1)}, \tag{2-16-2}$$

其中 p 为第 l 步时回归方程中自变量的个数，$SS_1^{(l)}(X_j)$ 为第 l 步时 X_j 的偏回归平方和，$SS_2^{(l)}(n-p-1)$ 为第 l 步时 X_j 的残差平方和. 对给定的显著性水平 α，若 X_j 是回归方

程外的自变量，当 $F \geqslant F_\alpha(1, n-p-1)$ 时，可决定引入该自变量；若 X_j 是回归方程中的自变量，当 $F < F_\alpha(1, n-p-1)$ 时，可决定剔除该自变量.

MATLAB 中做逐步回归分析的函数是 stepwise.

四、实验示例

例 1　在同一平炉上进行一项试验，以确定改变操作方法是否会增加钢的产率：先用标准方法炼一炉，然后用新方法炼一炉，以后交替进行，各炼九炉，其钢的产率（单位：%）分别如下：

标准方法：78.2，72.5，73.3，77.8，79.5，75.5，76.5，76.9，75.2；

新方法：79.1，81.0，77.3，79.1，80.0，79.7，77.4，80.1，80.9.

假定两种方法的钢产率服从正态分布.

解　题目是要判定采用标准方法和新方法的钢产率有无显著差异，即对标准方法和新方法的钢产率这两个正态总体，判定它们的均值有无显著差异，所以做两个正态总体均值的 t 检验.

在命令窗口输入：

```
>>x=[78.2  72.5  73.3  77.8  79.5  75.5  76.5  76.9  75.2];
>>y=[79.1  81.0  77.3  79.1  80.0  79.7  77.4  80.1  80.9];
>>[h,sig]=ttest2(x,y,0.05)
```

运行结果：

```
h=1            % 在显著性水平 0.05 下，拒绝原假设
sig=0.0020     % 两个总体均值相等的概率很小
```

运行结果说明，标准方法和新方法对钢产率的影响有显著差异.

例 2　就表 2-16-1 所给数据，对市场上十种红葡萄酒样品的五项理化指标花色苷 X_1（单位：mg/L）、单宁 X_2（单位：mmol/L）、总酚 X_3（单位：mmol/L）、酒总黄酮 X_4（单位：mmol/L）、白藜芦醇 X_5（单位：mg/L）做主成分分析.

表 2-16-1　十种红葡萄酒样品的理化指标

红葡萄酒样品	X_1/(mg/L)	X_2/(mmol/L)	X_3/(mmol/L)	X_4/(mmol/L)	X_5/(mg/L)
样品 1	973.88	11.03	9.98	8.02	2.44
样品 2	517.58	11.08	9.56	13.30	3.65
样品 3	398.77	13.26	8.55	7.37	5.25
样品 4	183.52	6.48	5.98	4.31	2.93
样品 5	280.19	5.85	6.03	3.64	5.00
样品 6	117.03	7.35	5.86	4.44	4.43

续表

红葡萄酒样品	X_1/(mg/L)	X_2/(mmol/L)	X_3/(mmol/L)	X_4/(mmol/L)	X_5/(mg/L)
样品 7	90.82	4.01	3.86	2.77	1.82
样品 8	918.69	12.03	10.14	7.75	1.02
样品 9	387.76	12.93	11.31	9.90	3.86
样品 10	138.71	5.57	4.34	3.15	3.25

解 首先建立数据集,在命令行窗口输入:

```
>> x = [973.88  11.03  9.98  8.02  2.44;
        517.58  11.08  9.56  13.30  3.65;
        398.77  13.26  8.55  7.37  5.25;
        183.52  6.48  5.98  4.31  2.93;
        280.19  5.85  6.03  3.64  5.00;
        117.03  7.35  5.86  4.44  4.43;
        90.82  4.01  3.86  2.77  1.82;
        918.69  12.03  10.14  7.75  1.02;
        387.76  12.93  11.31  9.90  3.86;
        138.71  5.57  4.34  3.15  3.25]   % 建立数据集
>> V = corr(x)   % 求相关系数矩阵
```

运行结果:

```
V =

    1.0000    0.6824    0.7748    0.5820   -0.4140
    0.6824    1.0000    0.9354    0.8137    0.0920
    0.7748    0.9354    1.0000    0.8598   -0.0473
    0.5820    0.8137    0.8598    1.0000    0.0277
   -0.4140    0.0920   -0.0473    0.0277    1.0000
```

由运行结果可知,理化指标之间有很强的相关性,适合用主成分分析对理化指标进行降维处理,把原来多个变量归结为较少的综合变量.

再在命令行窗口输入:

```
>> [coeff,latent,explained] = pcacov(V)   % 做主成分分析
```

运行结果:

```
coeff =

    0.4580   -0.3689   -0.5838   -0.5377   -0.1556
    0.5126    0.2022   -0.1626    0.6268   -0.5263
    0.5351    0.0700   -0.0376    0.2131    0.8136
```

```
        0.4866     0.1771     0.7154   -0.4289   -0.1899
       -0.0658     0.8870    -0.3457   -0.2977    0.0290
latent =
        3.3468
        1.1950
        0.2816
        0.1323
        0.0443
explained =
          66.9360
          23.8998
           5.6323
           2.6455
           0.8864
```

由运行结果可知,前两个综合变量包含了原有约 90.83%的信息量,所以保留前两个综合变量作为主成分即可.第一主成分为

$$F_1=0.458X_1+0.5126X_2+0.5351X_3+0.4866X_4-0.0658X_5.$$

在第一主成分中,第一、二、三、四项指标的系数大小较平均,且都是正向作用,第五项指标系数较小,可以忽略.所以,第一主成分可以理解为前四项指标的平均作用.第二主成分为

$$F_1=0.3689X_1+0.2022X_2+0.07X_3+0.1711X_4+0.887X_5.$$

在第二主成分中,只有第五项指标系数较大,可以理解为第五项指标起主要作用.

例 3 对例 2 中的十种红葡萄酒样品,基于其五项理化指标数据进行归类,将其归为两类.

解 对于该问题,因为没有现成的分类标准,所以我们利用聚类分析来解决.

方法一 系统聚类法.

在例 2 所建立数据集 x 的基础上,在命令行窗口输入:

```
>> y = pdist(x,'mahalanobis');   % 按照马氏距离计算各样本的距离
>> z = linkage(y);   % 按距离远近进行聚类
>> h = dendrogram(z)   % 画出系统聚类图
```

运行结果如图 2-16-1 所示.

由图 2-16-1 可看出,聚类的最后两步是样品 1,3,4,5,6,7,8,9,10 聚合为一类,再和样品 2 聚合为一类.所以,要分为两类的话,就是样品 2 单独为一类,其余样品为一类.

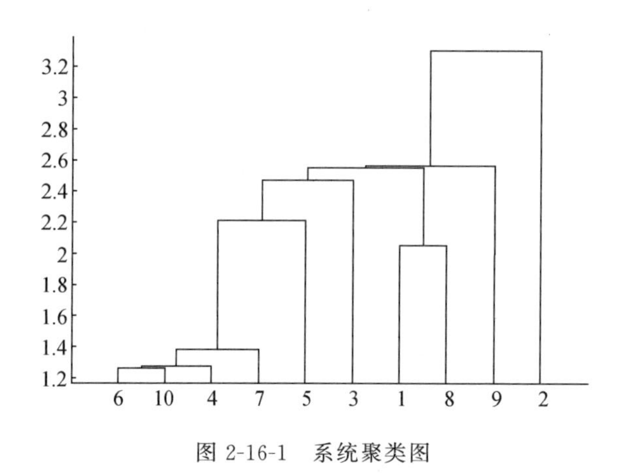

图 2-16-1 系统聚类图

方法二 k 均值聚类法.

在例 2 所建立数据集 x 的基础上,在命令行窗口输入:

```
>> kmeans(x,2)   % 对数据集 x 进行 k 均值聚类分析,聚为两类
```

运行结果:

```
ans =

     2
     1
     1
     1
     1
     1
     1
     2
     1
     1
```

由运行结果可看出,分为两类:第一类包含样品 2,3,4,5,6,7,9,10,其余为第二类. k 均值聚类分析结果与初始聚类点的选取有关,我们这里是随机选取,所以可能出现重复做 k 均值聚类分析时最后结果不一致的情况.

例 4 就表 2-16-2 中的数据,给出因变量 y 与自变量 $x_1, x_2, x_3, x_4, x_5, x_6, x_7$ 的显著性最优的线性回归方程.

表 2-16-2　因变量 y 与自变量 $x_1,x_2,x_3,x_4,x_5,x_6,x_7$ 的数据表

y	x_1	x_2	x_3	x_4	x_5	x_6	x_7
1394.89	2505	519.01	8144	373.9	117.3	112.6	843.43
920.11	2720	345.46	6501	342.8	115.2	110.6	582.51
2849.52	1258	704.87	4839	2033.3	115.2	115.8	1234.85
1092.48	1250	290.90	4721	717.3	116.9	115.6	697.25
832.88	1387	250.23	4134	781.7	117.5	116.8	419.39
2793.37	2397	387.99	4911	1371.1	116.1	114.0	1840.55
1129.20	1872	320.45	4430	497.4	115.2	114.2	762.47
2014.53	2334	435.73	4145	824.8	116.1	114.3	1240.37
2462.57	5343	996.48	9279	207.4	118.7	113.0	1642.95
5155.25	1926	1434.95	5943	1025.5	115.8	114.3	2026.64

解　为了得出显著性最优的线性回归方程，需要找到对线性回归模型显著性正向影响的因素，剔除对线性回归方程显著性负向影响的因素，所以我们选取逐步回归分析进行建模.

在命令行窗口输入：

```
>>z = [1394.89   2505   519.01   8144   373.9    117.3   112.6   843.43;
       920.11    2720   345.46   6501   342.8    115.2   110.6   582.51;
       2849.52   1258   704.87   4839   2033.3   115.2   115.8   1234.85;
       1092.48   1250   290.90   4721   717.3    116.9   115.6   697.25;
       832.88    1387   250.23   4134   781.7    117.5   116.8   419.39;
       2793.37   2397   387.99   4911   1371.1   116.1   114.0   1840.55;
       1129.20   1872   320.45   4430   497.4    115.2   114.2   762.47;
       2014.53   2334   435.73   4145   824.8    116.1   114.3   1240.37;
       2462.57   5343   996.48   9279   207.4    118.7   113.0   1642.95;
       5155.25   1926   1434.95  5943   1025.5   115.8   114.3   2026.64]
>>x = z(:,2:8);   % 取数据集后 7 列对应的变量为自变量
>>y = z(:,1);   % 取数据集第 1 列对应的变量为因变量
>>stepwise(x,y,[1:7])   % 对 7 个自变量做逐步回归
```

运行结果如图 2-16-2～图 2-16-6 所示.

在运行过程中，第一步变量 X_5 被剔除，点击"Next step"进行下一步；第二步变量 X_4 被剔除，点击"Next step"进行下一步；第三步变量 X_3 被剔除，点击"Next step"进行下一步；第四步变量 X_6 被剔除，点"Next step"进行下一步.

Coefficients with Error Bars
Coeff. t-stat p-val
X1 -0. 301602 -3. 9022 0. 0598
X2 2. 32336 8. 4848 0. 0136
X3 -0. 1818 -2. 0259 0. 1800
X4 0. 324824 1. 8654 0. 2031
X5 165. 474 1. 4490 0. 2843
X6 -178. 741 -2. 0752 0. 1736
X7 1. 17198 6. 4942 0. 0229
-600 -400 -200 0 200 400 600
Next step:
Move X5 out
Next Step
All Steps
Export ...
Intercept = 2021.99
RMSE = 115.5
R-square = 0.998328
Adj R-sq = 0.992475
F = 170.579
p = 0.00584035
Model History
RMSE
117
116
115
1

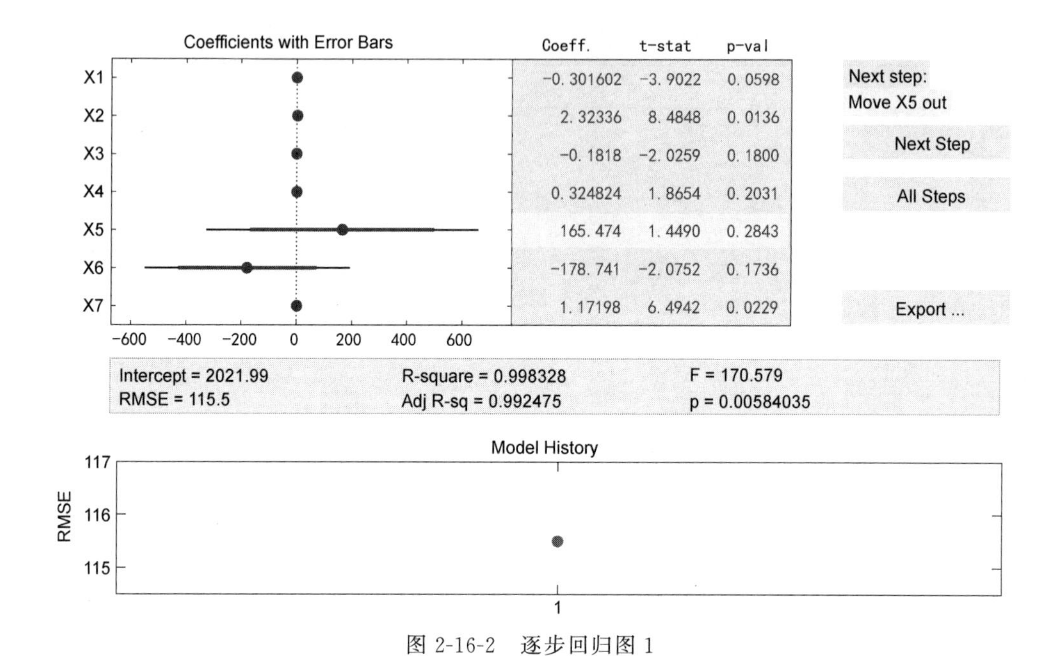

图 2-16-2 逐步回归图 1

Coefficients with Error Bars
Coeff. t-stat p-val
X1 -0. 275849 -3. 1371 0. 0518
X2 2. 05975 8. 6091 0. 0033
X3 -0. 0738921 -1. 2622 0. 2961
X4 0. 145917 1. 0166 0. 3842
X5 165. 474 1. 4490 0. 2843
X6 -62. 5319 -1. 7026 0. 1872
X7 1. 29669 6. 9930 0. 0060
-400 -200 0 200 400 600
Next step:
Move X4 out
Next Step
All Steps
Export ...
Intercept = 7501.89
RMSE = 135.021
R-square = 0.996572
Adj R-sq = 0.989717
F = 145.369
p = 0.000874377
Model History
RMSE
135
130
125
120
1
2

图 2-16-3 逐步回归图 2

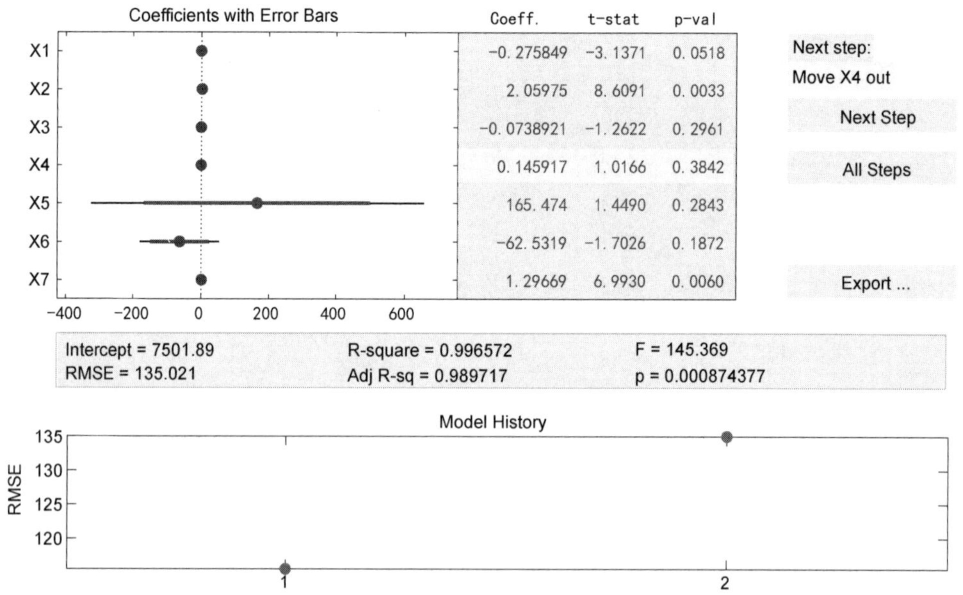

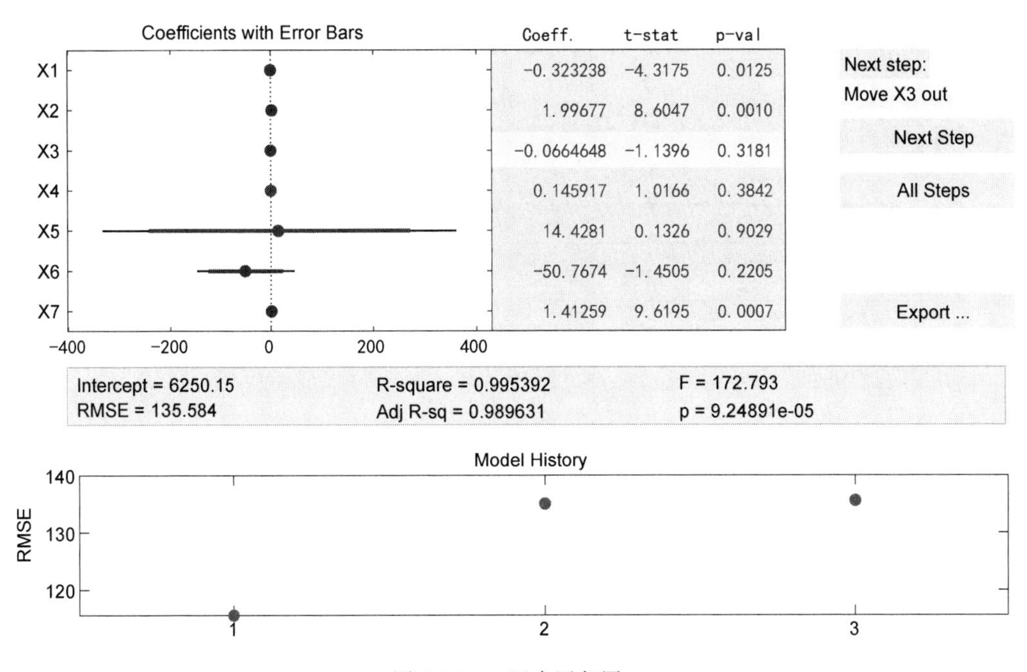

图 2-16-4　逐步回归图 3

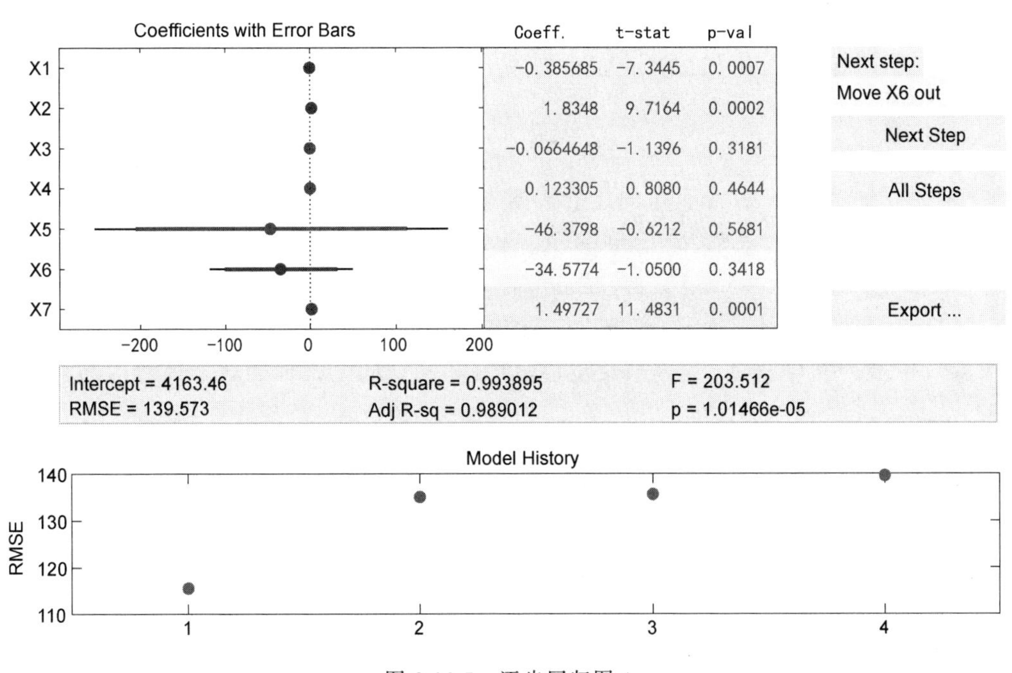

图 2-16-5　逐步回归图 4

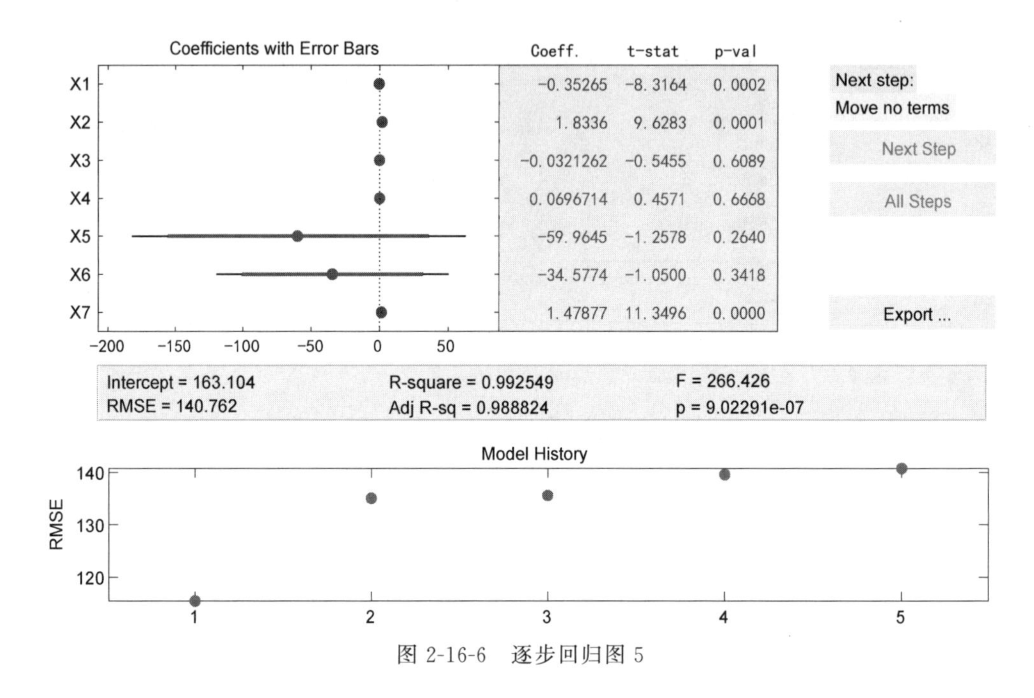

图 2-16-6 逐步回归图 5

由运行结果可知，逐步回归分析中变量 X_5, X_4, X_3, X_6 依次被剔除，得出显著性最优的线性回归方程

$$\hat{Y}=-0.35265X_1+0.668673X_2+1.47877X_7+163.104.$$

练 习

表 2-16-3 为某市 16 个企业的运营数据，其中 X_1 为销售净利率，X_2 为资产净利率，X_3 为净资产收益率，X_4 为销售毛利率，X_5 为资产负债率.

(1) 对 X_1, X_2, X_3, X_4, X_5 作主成分分析，给出主成分表达式及其贡献率；

(2) 根据各企业的运营数据，把它们聚为三类；

(3) 将资产负债率 X_5 作为因变量，给出它和其余四个指标的显著性最优的线性回归方程.

表 2-16-3 某市 16 个企业的运营数据 （单位：%）

企业	X_1	X_2	X_3	X_4	X_5
企业 1	43.31	7.39	8.73	54.89	15.35
企业 2	17.11	12.13	17.29	44.25	29.69
企业 3	21.11	6.03	7.00	89.37	13.80
企业 4	29.55	8.62	10.13	73.00	14.88

续表

企业	X_1	X_2	X_3	X_4	X_5
企业 5	11.00	8.41	11.83	25.22	25.49
企业 6	17.63	13.86	15.41	36.44	10.03
企业 7	2.73	4.22	17.16	9.96	74.12
企业 8	29.11	5.44	6.09	56.26	9.85
企业 9	20.29	9.48	12.97	82.23	26.73
企业 10	3.99	4.64	9.35	13.04	50.19
企业 11	22.65	11.13	14.30	50.51	21.59
企业 12	4.43	7.30	14.36	29.04	44.74
企业 13	5.40	8.90	12.53	65.50	23.27
企业 14	7.06	2.79	5.24	19.79	40.68
企业 15	19.82	10.53	18.55	42.04	37.19
企业 16	7.26	2.99	6.99	22.72	56.58

实验十七　二维插值问题

一、实验背景和目的

在实际问题中，经常会遇到函数值不容易直接计算的情形，例如只已知函数的一些离散数值，或者即使给出了函数的解析表达式，却由于表达式过于复杂，使得函数值不易计算. 这时，我们可用一个简单函数近似代替需计算函数值的函数，使得这个简单函数(近似函数)在每个观测点处的值与实际函数值完全相同，这种方法就叫作插值法. 本实验以平板温度分布图和海域避免驶入区域图为例，利用二维插值得到所求二元函数的表达式，让学生掌握二维插值的基本方法，体会插值法在实际中的应用.

二、相关函数

(1) cz=interp2(x,y,z,cx,cy,'method')：插值基点为网格节点的二维插值函数，其中 x,y,z 分别为插值节点的横、纵、竖坐标向量，x,y 的分量值必须是单调递增的，可以是等距的，也可以是不等距的；cx,cy 是要计算的网格节点的横、纵坐标向量，cz 返回要计算的网格节点处的函数值. cx 与 cy 中一个是行向量，另一个是列向量. method 表示所采用的插值法，取 nearest 时表示最邻近插值法，取 linear 时表示双线性插值法，取 spline 时表示三次样条插值法，取 cubic 时表示双三次插值法，缺省时表示双线性插值法.

(2) cz= griddata(x,y,z,cx,cy,'method')：插值基点为散乱节点的二维插值函数，其中各参数的含义与函数 interp2 相同.

三、实验理论与方法

二维插值是对二元函数 $z=f(x,y)$ 进行插值. 常见的二维插值有两种：网格节点插值和散乱数据插值. 网格节点插值适用于数据点比较规范的情况，即在所给数据点范围内，数据点要落在由一些平行直线组成的矩形网格的每个顶点上；散乱数据插值适用于一般的数据点，多用于数据点不太规范的情况.

(1) 网格节点插值：已知 $m\times n$ 个节点 (x_i,y_j,z_{ij}) $(i=1,2,\cdots,m;j=1,2,\cdots,n)$，设 $a=x_1<x_2<\cdots<x_m=b$，$c=y_1<y_2<\cdots<y_n=d$，构造一个二元函数 $z=f(x,y)$，使得它的图形通过全部已知节点，即

$$f(x_i,y_i)=z_{ij}\quad (i=1,2,\cdots,m;j=1,2,\cdots,n).$$

(2) 散乱数据插值：在闭区域 $T=[a,b]\times[c,d]$ 上散乱分布的 N 个点 (x_k,y_k) $(k=$

$1,2,\cdots,N$)处给出数据 z_k，即已知 N 个节点$(x_k,y_k)(k=1,2,\cdots,N)$处的值 z_k，构造一个定义在 T 上的二元函数 $z=f(x,y)$，使得

$$f(x_k,y_k)=z_k \quad (k=1,2,\cdots,N).$$

四、实验示例

例 1　测得某平板表面 3×5 网格点的温度如表 2-17-1 所示，试作出该平板表面温度分布的网格图.

表 2-17-1　某平板表面 3×5 网格点的温度　　（单位：℃）

90	91	93	96	98
86	78	73	79	90
102	93	92	95	106

解　在三维直角坐标系中画出表 2-17-1 中数据对应的温度分布粗网格图和由此做二维插值得到的温度分布细网格图，具体实现的程序代码见 MATLAB 代码 17-1，运行结果如图 2-17-1 和图 2-17-2 所示.

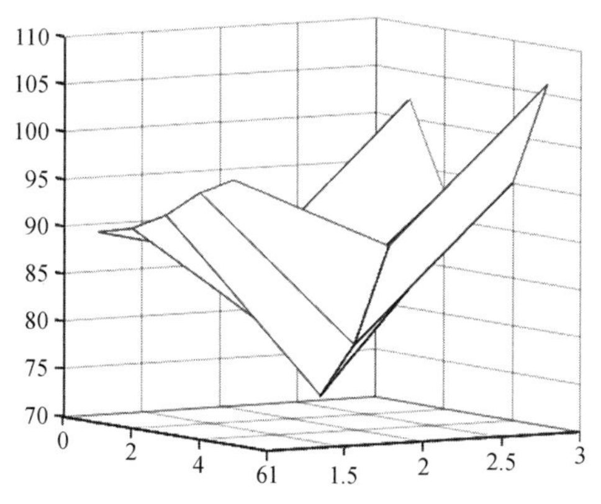

图 2-17-1　某平板表面的温度分布粗网格图

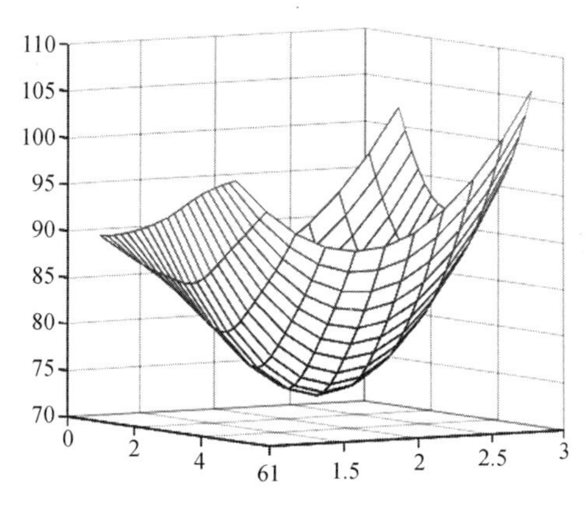

图 2-17-2　某平板表面的温度分布细网格图

例 2　设某海域位于矩形区域(75,200)×(−50,150)(单位：英尺，1 英尺＝0.3048 米)上. 现测得该海域一些点(x,y)处的水深 z(单位：英尺)，见表 2-17-2. 水深数据是在低潮时测得的. 设船的吃水深度为 5 英尺，问：该海域的哪些地方船要避免进入？并作出相应的地貌图.

表 2-17-2　某海域水深的测量数据　　（单位：英尺）

x	129	140	103.5	88	185.5	195	105.5	157.5	107.5	77	81	162	162	117.5
y	7.5	141.5	23	147	22.5	137.5	85.5	−6.5	−81	3	56.5	−66.5	84	−33.5
z	4	8	6	8	6	8	8	9	9	8	8	9	4	9

解 假设该海域海底是光滑的.由于测量点是散乱分布的,先在平面上作出测量点的分布图,再利用二维插值的方法补充一些点处的水深,之后作出海底地貌图和等高线,并求出水深小于5英尺的海域范围.具体步骤如下:

步骤1 作出海底地貌图,具体实现的程序代码见MATLAB代码17-2,运行结果如图2-17-3所示,其中取竖坐标为表2-17-2中第三行数据的相反数.

步骤2 画出船避免进入的区域.利用作等高线的函数,画出水深小于5英尺的海域范围,具体实现的程序代码见MATLAB代码17-3,运行结果如图2-17-4所示.

步骤3 截取水深小于5英尺的部分海底地貌图.将水深大于或等于5英尺区域的水深改为5英尺,其他区域不变,从而达到显示水深小于5英尺的海底地貌图的目的,具体实现的程序代码见MATLAB代码17-4,运行结果如图2-17-5所示.图2-17-5即为船避免进入区域的海底地貌图.

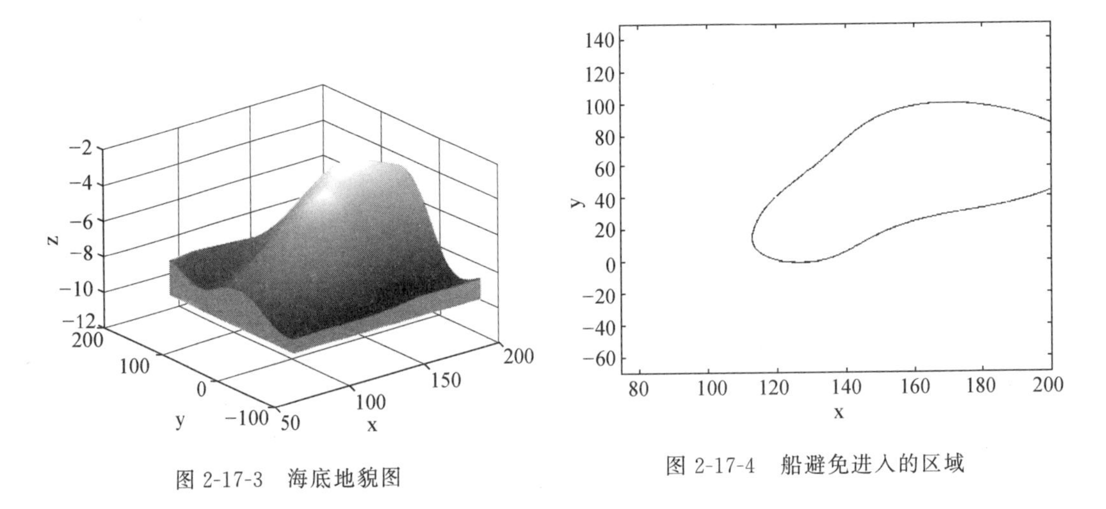

图2-17-3 海底地貌图

图2-17-4 船避免进入的区域

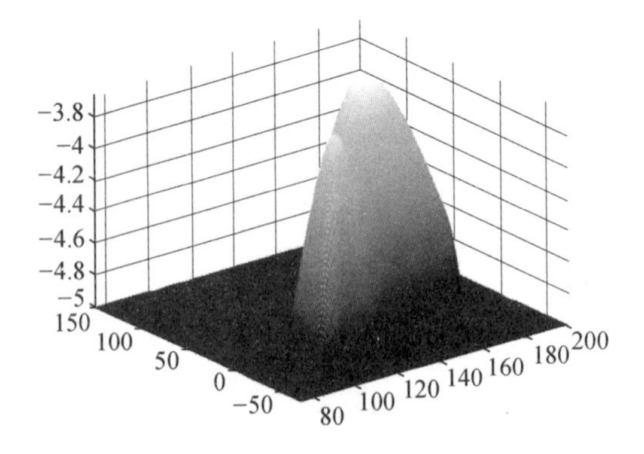

图2-17-5 船避免进入区域的海底地貌图

练　习

1. 设某山区位于区域[0,2800]×[0,2400](单位：m)上. 现测得该山区一些地点的高程(单位：m)如表 2-17-3 所示，其中 x,y 分别为这些地点的横坐标和纵坐标. 试作出该山区的地貌图和等高线.

表 2-17-3　某山区一些地点的高程　(单位：m)

y/m	x/m							
	0	400	800	1200	1600	2000	2400	2800
0	1180	1320	1450	1420	1400	1300	700	900
400	1230	1390	1500	1500	1400	900	1100	1060
800	1270	1500	1200	1100	1350	1450	1200	1150
1200	1370	1500	1200	1100	1550	1600	1550	1380
1600	1460	1500	1550	1600	1550	1600	1600	1600
2000	1450	1480	1500	1550	1510	1430	1300	1200
2400	1430	1450	1470	1320	1280	1200	1080	940

2. 在 2011 年高教社杯全国大学生数学建模竞赛 A 题中略去 319 个测量点的海拔，对 8 种重金属中的 2 种计算浓度分布与污染源，并画出重金属超标区域. 该竞赛题可从以下网址下载：

http://www.mcm.edu.cn/html_cn/node/a1ffc4c5587c8a6f96eacefb8dbcc34e.html

附录　MATLAB 代码

MATLAB 代码 17-1

```
% 在三维直角坐标系中画某平板表面的温度分布网格图
x = 1:5;   % 数据有 5 列,设为横坐标
y = 1:3;   % 数据有 3 行,设为纵坐标
t = [90 91 93 96 98;86 78 73 79 90;102 93 92 95 106];
mesh(x,y,t)  % 画间距为 1 个单位的空间数据点构成的粗网格图
figure  % 新建图形窗口
cx = 1:0.2:5;   % 在 x 方向上每隔 0.2 个单位的地方进行插值,以平滑数据
cy = 1:0.2:3;   % 在 y 方向上每隔 0.2 个单位的地方进行插值,以平滑数据
cz = interp2(x,y,t,cx',cy,'cubic');   % 在插入的 0.2 个单位点处计算插值函数值
mesh(cx,cy,cz)  % 画间距为 0.2 个单位的插值后的细网格图
```

MATLAB 代码 17-2

```
% 作海底地貌图
x = [129 140 103.5 88 185.5 195 105.5 157.5 107.5 77 81 162 162 117.5];
y = [7.5 141.5 23 147 22.5 137.5 85.5 -6.5 -81 3 56.5 -66.5 84 -33.5];
z = [-4 -8 -6 -8 -6 -8 -8 -9 -9 -8 -8 -9 -4 -9];
cx = 75:0.5:200;
cy = -70:0.5:150;
cz = griddata(x,y,z,cx,cy','v4');
meshz(cx,cy,cz)  % 作海底地貌图
xlabel('x'),ylabel('y'),zlabel('z')
```

MATLAB 代码 17-3

```
% 画船避免进入的区域
figure(2),contour(cx,cy,cz,[-5 -5]);grid  % 作水深为 5 英尺的海底等高线
xlabel('x'),ylabel('y')
```

MATLAB 代码 17-4

```
% 显示水深小于 5 英尺的部分海底地貌图
[i1,j1] = find(cz< - 5);
for k = 1:length(i1)
cz(i1(k),j1(k)) = - 5;
end
figure(3),meshc(cx,cy,cz)   % 作水深小于 5 英尺的部分海底地貌图
```

实验十八　数据拟合的应用

一、实验背景和目的

在工程实践与科学实验中，经常需要从一组实验数据中寻找自变量和因变量之间的函数关系. 插值法是解决这类问题的一种方法，它要求近似函数在每个观测点处的值等于实际观测值. 数据拟合也是解决这类问题的一种方法. 考虑到观测数据会受到随机观测误差的影响，数据拟合需要寻求整体误差最小、能够较好地反映观测数据的近似函数. 本实验以人口模型为例，利用数据拟合求解模型中参数，让学生掌握数据拟合的一般方法，并体会数据拟合在实际中的应用.

二、相关函数

p=lsqcurvefit(fun,p0,xi,yi)：做一般曲线拟合，其中 xi,yi 为要拟合的数据，它们是用数组的方式输入的，fun 表示函数 fun(p,xi)的 M 文件，p0 表示参数的初值. 若要求点 x 处的函数值，可用函数 fun(p,x)来计算.

三、实验理论与方法

1. 马尔萨斯模型

英国人口学家马尔萨斯(Malthus)于 1798 年提出著名的人口指数增长模型——马尔萨斯模型. 这个模型的基本假设是：

(1) 单位时间的人口数量增长与当时的人口数量成正比，比例系数为常数 $r(r>0)$.

(2) t 时刻的人口数量为 $x(t)$. 因为人口数量一般是很大的，所以将 $x(t)$ 近似地视为连续、可微的函数. 记初始时刻($t=0$)的人口数量为 x_0.

根据以上假设，得到马尔萨斯模型

$$\begin{cases} \dfrac{\mathrm{d}x}{\mathrm{d}t} = rx, \\ x(0) = x_0. \end{cases} \tag{2-18-1}$$

很容易解出

$$x(t) = x_0 \mathrm{e}^{rt}, \tag{2-18-2}$$

(2-18-2)式表明，人口数量将按指数规律无限增长.

2. 逻辑斯谛模型

荷兰生物学家威赫尔斯特(Verhulst)于 19 世纪中叶提出阻滞增长模型——逻辑斯

谛(Logistic)模型.

假设人口增长率 r 是人口数量 $x(t)$ 的函数：$r=r(x)$. 随着人口的增加，自然资源、环境条件等因素对人口继续增长的阻滞作用越来越明显，$r(x)$ 应是 x 的减函数，故简单假设 $r(x)$ 为 x 的线性函数：$r(x)=r_0-sx, s>0$. 考虑自然资源和环境条件所能容纳的最大人口数量为 x_m(称为最大人口容量). 当 $x=x_m$ 时，增长率为零(环境饱和)，即 $r(x_m)=0$，在线性化假设前提下，可以得到

$$r(x)=r_0\left(1-\frac{x}{x_m}\right), \tag{2-18-3}$$

其中 r_0, x_m 通常根据人口统计数据或经验确定. 在(2-18-3)式的假设下，马尔萨斯模型可以修改为逻辑斯谛模型

$$\begin{cases} \dfrac{\mathrm{d}x}{\mathrm{d}t}=r_0 x\left(1-\dfrac{x}{x_m}\right), \\ x(0)=x_0. \end{cases} \tag{2-18-4}$$

逻辑斯谛模型(2-18-4)的解为

$$x(t)=\frac{x_m}{1+\left(\dfrac{x_m}{x_0}-1\right)\mathrm{e}^{-r_0 t}}. \tag{2-18-5}$$

四、实验示例

例　表 2-18-1 为某地区 1820—2020 年的人口数量(每 10 年统计一次)，请估计出该地区 2030 年的人口数量.

表 2-18-1　某地区 1820—2020 年的人口数量(每 10 年统计一次)

年份	1820	1830	1840	1850	1860	1870	1880
人口数量/百万人	3.9	5.3	7.2	9.6	12.9	17.1	23.2
年份	1890	1900	1910	1920	1930	1940	1950
人口数量/百万人	31.4	38.6	50.2	62.9	76.0	92.0	106.5
年份	1960	1970	1980	1990	2000	2010	2020
人口数量/百万人	123.2	131.7	150.7	179.3	204.0	226.5	251.4

解　根据马尔萨斯模型(2-18-1)，可设该地区的人口数量 $x(t)$ 满足函数关系式

$$x(t)=\mathrm{e}^{a+bt}\quad(\text{其中 } \mathrm{e}^a=x_0, b=r), \tag{2-18-6}$$

a, b 为待定系数.

利用曲线拟合函数 lsqcurvefit 求解，注意这时需输入参数的初值，而(2-18-6)式中的 b 表示人口增长率，通常取其初值小于或等于 0.01. 具体实现的程序代码见 MATLAB 代码 18-1，其中指数函数的 M 文件见 MATLAB 代码 18-2. 运行该程序代码，输出结果如下

以及如图 2-18-1 所示：

```
c =
   0.0148   -24.2743
x_2030 =
         309.2185
```

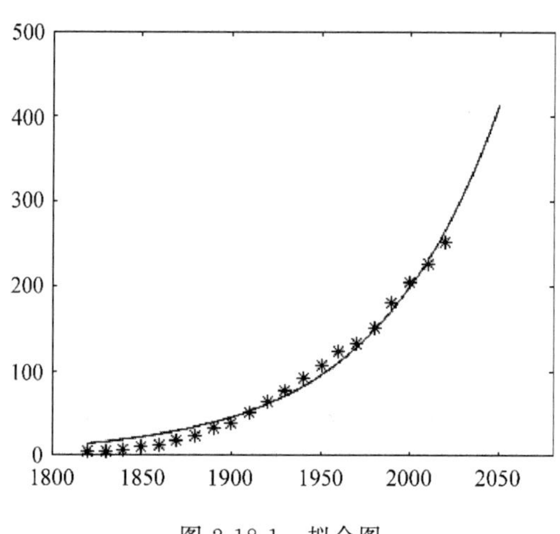

图 2-18-1　拟合图

可见，$a=-24.2743$，$b=0.0148$，拟合得到的近似函数在点 $x=2030$ 处的值为 309.2185. 从图 2-18-1 中可以看出，拟合曲线与原数据还是比较吻合的. 因此，预测该地区在 2030 年的人口数量为 309.2185 百万人.

根据逻辑斯谛模型解的表达式(2-18-5)，可以得到人口数量 $x(t)$ 的变化规律为

$$x(t)=\frac{x_m}{1+\left(\frac{x_m}{3.9}-1\right)\mathrm{e}^{-(t-1820)r_0}}. \tag{2-18-7}$$

下面利用曲线拟合函数 lsqcurvefit 和(2-18-6)式来拟合所给的人口统计数据，从而确定(2-18-6)式中的待定参数 r_0 和 x_m. 对于参数 x_m 的初值的选取，由于其表示时间趋于无穷大时的人口数量，参考表 2-18-1，其应大于 251.4，故选取参数 x_m 的初值为 300 百万人. 参数 r_0 的初值的选取参照上述 b，取为 0.01. 具体实现的程序代码见 MATLAB 代码 18-3，其中(2-18-7)式所定义函数的 M 文件见 MATLAB 代码 18-4，运行结果如下以及如图 2-18-2 所示：

```
c =
   311.9521 0.0280
x_2030 =
         255.3639
```

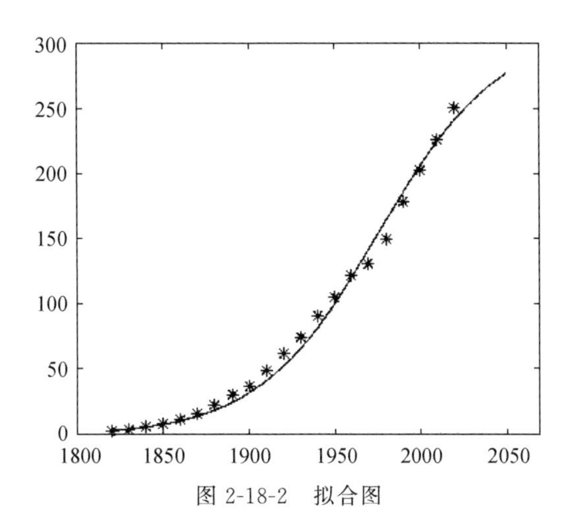

图 2-18-2　拟合图

也就是说，$x_m=311.9521$ 百万人，$r_0=0.0280$，而 2030 年该地区的人口数量预计为 255.3639 百万人. 这个结果还比较合理. 当 $t\to\infty$ 时，净增长率趋于零，人口数量趋于 311.9521 百万人，即最大人口容量为 $x_m=311.9521$ 百万人. 拟合效果见图 2-18-2，效果比前面用马尔萨斯模型来拟合的效果好.

人口数量的预测值与选取的模型有关，应根据问题的需要选取合理的模型. 另外，人口数据的拟合效果与初值的选取也有很大关系. 经过实验发现，在马尔萨斯模型中，当取第一个参数大于 0.04，第二个参数为 1 时，拟合效果会严重脱离实际. 更严谨的处理办法需结合微分方程理论对参数范围进行讨论.

练　习

已知某种植产地平均每株花生在不同生长阶段的干物质积累量 M 如表 2-18-2 所示.

(1) 画出表 2-18-2 所给数据的散点图；

(2) 用逻辑斯蒂模型拟合平均每株花生干物质积累量 M 关于时间 t 的函数表达式.

表 2-18-2　某种植产地平均每株花生在不同生长阶段的干物质积累量

t/天	0	20	40	60	80	100	120
M/(g/株)	0.8	6.5	8.2	20.7	45.4	50.7	60.8

附录　MATLAB 代码

MATLAB 代码 18-1

```
%马尔萨斯模型拟合
t = 1820:10:2020;
x = [3.9 5.3 7.2 9.6 12.9 17.1 23.2 31.4 38.6 50.2 62.9 76.0
    92.0 106.5 123.2 131.7 150.7 179.3 204.0 226.5 251.4];
plot(t,x,'*');
c0 = [0.001,1];
c = lsqcurvefit(@fun1,c0,t,x)
ti = 1820: 5:2050;
xi = fun1(c,ti);
hold on
plot(ti,xi);
t_next = 2030;
x_2030 = fun1(c,t_next)
hold off
```

MATLAB 代码 18-2

```
%马尔萨斯模型拟合的函数文件
function x = fun1(c,t)
x = exp(c(1) * t + c(2));
```

MATLAB 代码 18-3

```
%逻辑斯谛模型拟合过程
t = 1820:10:2020;
x = [3.9 5.3 7.2 9.6 12.9 17.1 23.2 31.4 38.6 50.2 62.9 76.0
    92.0 106.5 123.2 131.7 150.7 179.3 204.0 226.5 251.4];
plot(t,x,'*');
c0 = [300,1]
c = lsqcurvefit(@fun2,c0,t,x)
ti = 1820:5:2050
```

```
xi = fun2(c,ti);
hold on
plot(ti,xi);
t_next = 2030;
x_2030 = fun2(c,t_next)
hold off
```

MATLAB 代码 18-4

```
%逻辑斯谛模型拟合的函数文件
function x = fun2(c,t)
x = c(1)./(1 + (c(1)/3.9 - 1) * exp( - (t - 1820) * c(2)));
```

实验十九　太阳影子定位问题

一、实验背景和目的

2015 年高教社杯全国大学生数学建模竞赛 A 题是“太阳影子定位”，它本质上是一个求解非线性方程组的问题. 在实际生活中，经常会遇到求解非线性方程组的问题. 我们知道，非线性方程组的解析解一般很难得到，所以常用数值方法求其近似解. 一般的数值方法不易找到全局最优解，而局部最优解与初值有关，因此如何找到合适的初值至关重要. 为简单起见，可以采用步长较大的最小二乘法得到初值，再求非线性方程组的数值解. 本实验通过太阳影子定位问题的实例，让学生掌握用最小二乘法确定非线性方程组的初值，并求其数值解的方法.

二、相关函数

fsolve(fun,x0)：用最小二乘法求非线性方程组 fun=0 在初值 x0 附近的近似解.

三、实验理论与方法

1. 直杆的太阳影子长度

如何确定视频拍摄的地点和日期是视频数据分析的重要方面，属于太阳影子定位问题. 太阳影子定位技术就是通过分析视频中物体的太阳影子变化，确定视频拍摄的地点和日期的一种方法.

下面通过分析直杆的太阳影子长度关于各参数的变化规律，建立直杆的太阳影子长度随时间、地点和直杆高度变化的函数关系.

某一时刻物体的太阳影子长度与该时刻的太阳高度角有关，而太阳高度角是指太阳光的入射方向和地面之间的夹角. 设直杆高度为 L，某时刻太阳高度角为 θ，直杆的太阳影子长度为 S，则三者之间的关系如图 2-19-1 所示. 由图 2-19-1 可知，直杆的太阳影子长度为

$$S=\sqrt{\left(\frac{L}{\sin\theta}\right)^2-L^2}=L\sqrt{\frac{1}{\sin^2\theta}-1}. \tag{2-19-1}$$

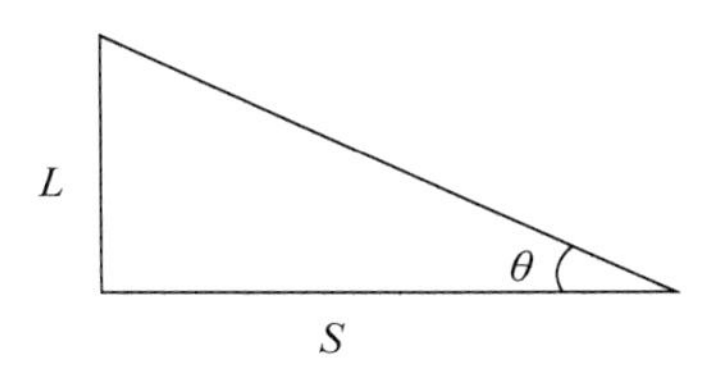

图 2-19-1　直杆及其太阳影子长度与太阳高度角的关系

(2-19-1)式中太阳高度角 θ 的正弦可如下计算：

$$\sin\theta=\sin\gamma\sin\beta+\cos\gamma\cos\beta\cos\left(\frac{1}{12}\left(t+\frac{\alpha}{15}-20\right)\pi\right), \tag{2-19-2}$$

其中 t 表示测量直杆太阳影子长度的时间，α 和 β 分别表示直杆所在地的经度和纬度，γ 表示太阳赤纬角. 于是，直杆的太阳影子长度可以表示为

$$S=L\sqrt{\frac{1}{\left(\sin\gamma\sin\beta+\cos\gamma\cos\beta\cos\left(\frac{1}{12}\left(t+\frac{\alpha}{15}-20\right)\pi\right)\right)^2}-1}. \tag{2-19-3}$$

假设拍摄日期是一年中的第 n(积日数)天，则太阳赤纬角 γ 与积日数 n 有如下关系：

$$\gamma=\frac{23.45\pi}{180}\sin\frac{2\pi(284+n)}{365.2422}. \tag{2-19-4}$$

将(2-19-4)式代入(2-19-3)式，可得到直杆太阳影子长度 S 的函数表达式.

2. 最小二乘法原理

在实际问题中，往往会通过测量得到两个变量 x,y 的一组数据(x_i,y_i)，$i=1,2,\cdots,n$. 从数学的角度，我们希望通过这一组离散数据点，得到一个连续函数 $y=f(x)$，使得对于变量 x 的任意一个值，通过该函数可以得到 y 的估计值，从而达到预测的目的.

在通过离散数据点得到连续函数的方法中，常用的是**最小二乘法**，其原理是：使得将测量数据中的 $x_i(i=1,2,\cdots,n)$ 代入估计函数后所得的函数值 $f(x_i)$，与该点的测量值 y_i 的距离平方和 $\sum_{i=1}^{n}(f(x_i)-y_i)^2$ 最小.

四、实验示例

例 1　画出 2015 年 10 月 22 日北京时间 9:00—15:00 天安门广场(N39°54′26″, E116°23′29″)上 3 m 高直杆的太阳影子长度随时间变化的曲线.

解　依据已知条件，将

$$L=3\text{ m},\quad n=31+28+31+30+31+30+31+31+30+22=295,$$

$$\alpha=\left(116+\frac{23}{60}+\frac{29}{3600}\right)^\circ\approx 116.391\,388^\circ,$$

$$\beta=\left(39+\frac{54}{60}+\frac{26}{3600}\right)^\circ\approx 39.907\,222^\circ,$$

代入(2-19-3)式和(2-19-4)式，由此可作出直杆的太阳影子长度随时间变化的曲线，具体实现的程序代码见 MATLAB 代码 19-1，运行结果如图 2-19-2 所示.

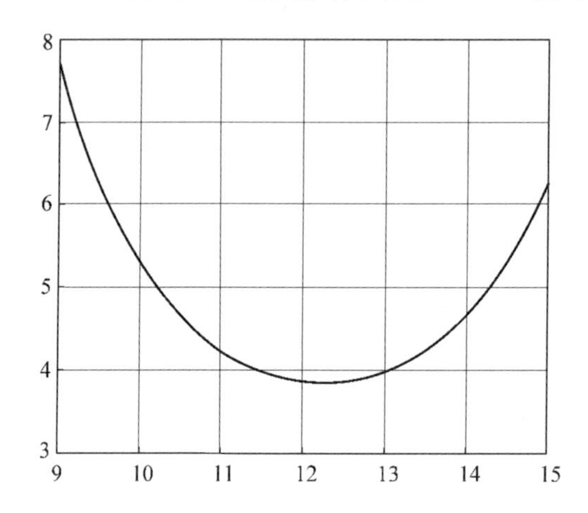

图 2-19-2　直杆的太阳影子长度随时间变化的曲线

例 2　根据某固定直杆顶端在水平地面上的太阳影子坐标随时间变化的数据，建立数学模型来确定直杆所处的地点. 已知测量日期为 2015 年 4 月 18 日，数据如表 2-19-1 所示.

表 2-19-1　某固定直杆顶端太阳影子的坐标随时间变化的数据表

北京时间	14:42	14:45	14:48	14:51	14:54	14:57	15:00
x 坐标/m	1.0365	1.0699	1.1038	1.1383	1.1732	1.2087	1.2448
y 坐标/m	0.4973	0.5029	0.5085	0.5142	0.5198	0.5255	0.5311
北京时间	15:03	15:06	15:09	15:12	15:15	15:18	15:21
x 坐标/m	1.2815	1.3189	1.3568	1.3955	1.4349	1.4751	1.5160
y 坐标/m	0.5368	0.5426	0.5483	0.5541	0.5598	0.5657	0.5715
北京时间	15:24	15:27	15:30	15:33	15:36	15:39	15:42
x 坐标/m	1.5577	1.6003	1.6438	1.6882	1.7337	1.7801	1.8277
y 坐标/m	0.5774	0.5833	0.5892	0.5952	0.6013	0.6074	0.6135

说明：直角坐标系以直杆底端为原点，水平地面为 Oxy 平面. 直杆垂直于地面.

解　具体的求解过程如下：

步骤 1　将已知数据代入(2-19-3)式，得到方程组. 编写建立方程组的程序代码，见 MATLAB 代码 19-2.

步骤 2　用最小二乘法确定初值，具体实现的程序代码见 MATLAB 代码 19-3，运行结果如下：

```
sum2 =

      1.5891

L =

   2

aerfa =

     110

beita =

     15
```

由运行结果可得如下初值：直杆高度：2 m；经度：E110°；纬度：N15°.

步骤 3　将步骤 1 的方程组和步骤 2 的初值代入函数 fsolve 求解，具体实现的程序代码见 MATLAB 代码 19-4，运行结果如下：

```
x =

   2.0373   108.6071   19.2389
```

由运行结果可知，直杆高度约为 2.0373 m，经度约为 E108.6071°，纬度约为 N19.2389°. 经查地理位置知该直杆在海南省.

练　　习

1. 完成 2015 年高教社杯全国大学生数学建模竞赛 A 题中的第 3 题，其中题目可从如下网址下载：

http://www.mcm.edu.cn/html_cn/node/ac8b96613522ef62c019d1cd45a125e3.html

要求：根据给定的数据点列方程组，用函数 fsolve 进行求解.（提示：首先写出求解方程组的 MATLAB 程序代码，然后用最小二乘法确定解的初值，最后用函数 fsolve 求解.）

2. 完成 2018 年高教社杯全国大学生数学建模竞赛 A 题“高温作业专用服装设计”，其中题目可从如下网址下载：

http://www.mcm.edu.cn/html_cn/node/7cec7725b9a0ea07b4dfd175e8042c33.html

要求：写出建模过程，列出方程组，然后求解.

附录 MATLAB 代码

MATLAB 代码 19-1

```
%画直杆的太阳影子长度随时间变化的曲线
L = 3;  %直杆高度
aerfa = 116.3913888;  %天安门广场的经度
beita = 39.907222;  %天安门广场的纬度
n = 295;  %2015 年 10 月 22 日的积日数
gama = 23.45 * sin(2 * pi * (284 + n)/365.2422) * pi/180;  %公式(2-19-4)
singma = sin(gama);  %根据已知数据计算出的太阳赤纬角的正弦
cosgma = cos(gama);  %根据已知数据计算出的太阳赤纬角的余弦
t = 9:0.1:15;
S = ((1./(singma * sin(beita * pi/180) + cosgma * cos(beita * pi/180)
   .* cos((t + aerfa/15 - 20).* pi/12))).^2 - 1).^(1/2).* L;  %公式(2-19-3)
plot(t,S,'k')
```

MATLAB 代码 19-2

```
%创建方程组
function S = fun(x)
%x(1)为直杆高度,x(2)为经度,x(3)为纬度
hour = [14 14 14 14 14 14 15 15 15 15 15 15 15 15 15 15 15 15 15 15 15];
                                                    %已知数据中时间的小时
mint = [42 45 48 51 54 57 0 3 6 9 12 15 18 21 24 27 30 33 36 39 42];
                                                    %已知数据中时间的分钟
x0 = [1.0365 1.0699 1.1038 1.1383 1.1732 1.2087 1.2448 1.2815 1.3189
   1.3568 1.3955 1.4349 1.4751 1.5160 1.5577 1.6003 1.6438 1.6882
   1.7337 1.7801 1.8277];  %已知数据中直杆顶端太阳影子的横坐标
y0 = [0.4973 0.5029 0.5085 0.5142 0.5198 0.5255 0.5311 0.5368 0.5426
   0.5483 0.5541 0.5598 0.5657 0.5715 0.5774 0.5833 0.5892 0.5952
   0.6013 0.6074 0.6135];  %已知数据中直杆顶端太阳影子的纵坐标
m = size(x0,2);  %统计已知数据的个数
n = 108;  %2015 年 4 月 18 日的积日数
```

```
gama = 23.45 * sin(2 * pi * (284 + n)/365.2422) * pi/180;
                                        %公式(2-19-4)给出的太阳赤纬角
singma = sin(gama);  %根据已知数据计算出的太阳赤纬角的正弦
cosgma = cos(gama);  %根据已知数据计算出的太阳赤纬角的余弦
%----------------------------以下开始输入方程组----------------------------------
for i = 1:m  %根据计算直杆太阳影子长度的表达式得到的函数
    S(i) = x(1)^2 * (1/(singma * sin(x(3) * pi/180) + cosgma * cos(x(3)
          * pi/180) * cos((hour(i) + mint(i)/60 + x(2)/15 - 20)
          * pi/12))^2 - 1) - (x0(i)^2 + y0(i)^2);
end
```

MATLAB 代码 19-3

```
%确定初值
hour = [14 14 14 14 14 14 15 15 15 15 15 15 15 15 15 15 15 15 15 15 15];
                                                %已知数据中时间的小时
mint = [42 45 48 51 54 57 0 3 6 9 12 15 18 21 24 27 30 33 36 39 42];
                                                %已知数据中时间的分钟
x0 = [1.0365 1.0699 1.1038 1.1383 1.1732 1.2087 1.2448 1.2815 1.3189
    1.3568 1.3955 1.4349 1.4751 1.5160 1.5577 1.6003 1.6438 1.6882
    1.7337 1.7801 1.8277];  %已知数据中直杆顶端太阳影子的横坐标
y0 = [0.4973 0.5029 0.5085 0.5142 0.5198 0.5255 0.5311 0.5368 0.5426
    0.5483 0.5541 0.5598 0.5657 0.5715 0.5774 0.5833 0.5892 0.5952
    0.6013 0.6074 0.6135];  %已知数据中直杆顶端太阳影子的纵坐标
m = size(x0,2);  %统计已知数据的个数
n = 108;  %2015 年 4 月 18 日的积日数
gama = 23.45 * sin(2 * pi * (284 + n)/365.2422) * pi/180;
                                            %公式(2-19-4)的太阳赤纬角
singma = sin(gama);  %根据已知数据计算出的太阳赤纬角的正弦
cosgma = cos(gama);  %根据已知数据计算出的太阳赤纬角的余弦
%--------------------------以下开始用最小二乘法确定初值------------------------------
sum2 = 10;  %最小二乘法的误差平方上限
for aerfa_i = 0:10:180  %经度以 10 为步长
    for beita_i = 0:5:90  %纬度以 10 为步长
        for L_i = 1:3  %直杆高度以 1 为步长
            for i = 1:m
```

```
            S(i) = L_i^2 * (1/(singma * sin(beita_i * pi/180) + cosgma
                  * cos(beita_i * pi/180) * cos((hour(i) + mint(i)/60
                  + aerfa_i/15 - 20) * pi/12))^2 - 1) - (x0(i)^2 + y0(i)^2);
                                                          %根据已知数据建立的方程组
          end
          sums = sum(abs(S));    %计算
          if sums<sum2
            aerfa = aerfa_i; beita = beita_i; L = L_i;
            sum2 = sums;
        end
      end
   end
end
sum2,L,aerfa,beita   %输出最小误差、直杆高度初值、精度初值、纬度初值
```

MATLAB 代码 19-4

```
%求解方程组
xx = fsolve('fun',[2 110 15],optimset('Display','off'))
                                        %将初值代入方程组,进一步求方程组的近似解
S = fun(xx)   %将解代入各个方程后得到的误差,值越小说明解越精确
```

实验二十　矩阵奇异值分解的应用

一、实验背景和目的

奇异值分解在许多领域都有广泛的应用，如机器人、人工智能、工程技术等领域，尤其在图像处理中有着重要的地位. 本实验通过具体实例，让学生掌握用奇异值分解进行图像的去噪、压缩与恢复的基本方法，体会矩阵奇异值分解在实际中的应用.

二、相关函数

(1) s＝svd(A)：以降序顺序返回矩阵 A 的奇异值.

(2) [U,S,V]＝svd(A)：对矩阵 A 做奇异值分解，此时 A＝USV′.

三、实验理论与方法

设 $\boldsymbol{A}\in\mathbf{C}^{m\times n}$，$\boldsymbol{A}^{\mathrm{H}}\boldsymbol{A}$ 的特征值为

$$\lambda_1\geqslant\lambda_2\geqslant\cdots\geqslant\lambda_r>\lambda_{r+1}=\cdots=\lambda_n=0,$$

称 $\delta_i=\sqrt{\lambda_i}\,(i=1,2,\cdots,n)$ 为 $\boldsymbol{A}$ 的**奇异值**. 这里 $\boldsymbol{A}^{\mathrm{H}}$ 为矩阵 $\boldsymbol{A}$ 的共轭转置，当 $\boldsymbol{A}\in\mathbf{R}^{m\times n}$ 时，$\boldsymbol{A}^{\mathrm{H}}=\boldsymbol{A}'$.

设 $\boldsymbol{A}\in\mathbf{C}^{m\times n}$，则存在 m 阶酉矩阵 $\boldsymbol{U}$ 和 n 阶酉矩阵 $\boldsymbol{V}$，使得

$$\boldsymbol{U}^{\mathrm{H}}\boldsymbol{A}\boldsymbol{V}=\begin{pmatrix}\boldsymbol{\Sigma} & \mathbf{0}\\ \mathbf{0} & \mathbf{0}\end{pmatrix}\triangleq\boldsymbol{S},$$

其中 $\boldsymbol{\Sigma}=\mathrm{diag}(\delta_1,\delta_2,\cdots,\delta_r)$，$\delta_i\,(i=1,2,\cdots,r)$ 为 $\boldsymbol{A}$ 的非零奇异值. 由于 $\boldsymbol{U}$ 和 $\boldsymbol{V}$ 都是酉矩阵，满足 $\boldsymbol{U}^{\mathrm{H}}\boldsymbol{U}=\boldsymbol{I}$，$\boldsymbol{V}^{\mathrm{H}}\boldsymbol{V}=\boldsymbol{I}$，故

$$\boldsymbol{A}=\boldsymbol{U}\begin{pmatrix}\boldsymbol{\Sigma} & 0\\ 0 & 0\end{pmatrix}\boldsymbol{V}^{\mathrm{H}}=\boldsymbol{U}\boldsymbol{S}\boldsymbol{V}^{\mathrm{H}}=\sum_{i=1}^{r}\delta_i\boldsymbol{u}_i\boldsymbol{v}_i^{\mathrm{H}}.$$

其中 $\boldsymbol{u}_i,\boldsymbol{v}_i\,(i=1,2,\cdots,r)$ 分别为矩阵 $\boldsymbol{U},\boldsymbol{V}$ 的第 i 个列向量. 称上式为 $\boldsymbol{A}$ 的**奇异值分解**，其中 $\boldsymbol{S}$ 称为 $\boldsymbol{A}$ 的**奇异值矩阵**，$\boldsymbol{u}_i,\boldsymbol{v}_i\,(i=1,2,\cdots,r)$ 分别称为对应于奇异值 δ_i 的**左、右奇异向量**.

1. 图像的去噪

一个数字图像可以用一个矩阵来表示，而图像的噪声信息往往含在其矩阵的小奇异值及对应的左、右奇异向量中. 想要得到去噪图像就要去掉小的奇异值及对应的左、右奇异向量. 通常会给定一个奇异值阈 e，它是衡量奇异值是否为小奇值的界限.

假设有一图像矩阵 $\boldsymbol{B}\in\mathbf{R}^{m\times n}$，并且 $\boldsymbol{B}=\boldsymbol{A}+\boldsymbol{N}$，其中 $\boldsymbol{A}$ 是原始图像矩阵，$\boldsymbol{N}$ 为高斯白噪声矩阵. 也就是说，$\boldsymbol{B}$ 所表示的图像为对原始图像加了高斯白噪声的加噪图像. 对加噪声图像矩阵 $\boldsymbol{B}$ 进行奇异值分解，设分解得到 $\boldsymbol{B}=\boldsymbol{USV}'$，其中

$$\boldsymbol{S}=\operatorname{diag}(\alpha_1,\alpha_2,\cdots,\alpha_n),\quad \alpha_1\geqslant\alpha_2\geqslant\cdots\geqslant\alpha_n\geqslant 0.$$

取大于奇异值阈 e 的奇异值，就得到去噪图像矩阵

$$\widetilde{\boldsymbol{A}}=\sum_{i=1}^{r}\alpha_i\boldsymbol{u}_i\boldsymbol{v}',$$

其中 $\alpha_i(i=1,2,\cdots,r)$ 是矩阵 $\boldsymbol{B}$ 的大于奇异值阈 e 的奇异值，$\boldsymbol{u}_i,\boldsymbol{v}_i$ 分别是对应于 α_i 的左、右奇异向量.

2. 图像的压缩与恢复

用奇异值分解压缩与恢复图像的基本原理是：对图像矩阵进行奇异值分解，图像就可以用所得到的一些大奇异值及其对应的左、右奇异向量来近似描述，以达到图像的存储空间变小且其重要特征信息没有丢失，便于图像的保存和传送的目的.

假设一图像对应的矩阵为 $n\times n$ 矩阵 $\mathbf{A}$，已知矩阵 $\mathbf{A}$ 的奇异值分解，即

$$\mathbf{A}=\mathbf{UDV}'=\sum_{i=1}^{n}\sigma_i\boldsymbol{u}_i\boldsymbol{v}'_i.$$

选择前 k 个大的奇异值 $\sigma_i(i=1,2,\cdots,k)$ 及矩阵 $\boldsymbol{U}$ 和 $\boldsymbol{V}$ 的前 k 列重构图像矩阵，于是矩阵 $\mathbf{A}$ 有如下近似表达式：

$$\mathbf{A}\approx\sigma_1\boldsymbol{u}_1\boldsymbol{v}'_1+\sigma_2\boldsymbol{u}_2\boldsymbol{v}'_2+\cdots+\sigma_k\boldsymbol{u}_k\boldsymbol{v}'_k\triangleq\mathbf{A}_k.$$

这样，可以用 $k(2n+1)$ 个数据近似代替原来的 n^2 个图像数据，即用矩阵 $\mathbf{A}_k$ 对应的图像恢复原始图像. 这时图像的压缩比为 $n^2:k(2n+1)$，当 $k(2n+1)<n^2$ 时，可以达到图像压缩的目的.

四、实验示例

例 1 已知一个 1024×1024 像素的图像 lena. bmp，对此图像加噪声，再对加噪图像矩阵做奇异值分解，利用不同奇异值阈对加噪图像去噪.

解 可以按照如下步骤进行求解：

步骤 1 对原始图像加噪声；

步骤 2 对加噪图像矩阵进行奇异值分解，得到 $\boldsymbol{USV}'$；

步骤 3 将 $\boldsymbol{S}$ 中小于奇异值阈 e 的奇异值改为 0，得到矩阵 $\widetilde{\boldsymbol{S}}$；

步骤 4 将 $\boldsymbol{U}\widetilde{\boldsymbol{S}}\boldsymbol{V}$ 还原为一个矩阵，得到去噪图像矩阵，从而得到去噪图像.

实现上述求解过程的具体程序代码见 MATLAB 代码 20-1，运行结果如图 2-20-1 所示，其中(a)为原始图像，(b)为加噪图像，(c)是去噪图像.

(a) 原始图像　(b) 加噪图像　(c) 去噪图像

图 2-20-1　原始图像、加噪图像与去噪图像的对比

例 2　已知一个 1024×1024 像素的图像 lena. bmp，对其矩阵进行奇异值分解，用少数大奇异值对此图像进行压缩与恢复，并比较结果.

解　可以按照如下步骤进行求解：

步骤 1　将图像矩阵进行奇异值分解，得到 $\boldsymbol{UDV}'$；

步骤 2　将 $\boldsymbol{D}$ 中前 k 个奇异值保留，得到矩阵 $\widetilde{\boldsymbol{D}}$，将其对应的左、右奇异向量构成的矩阵分别记为 $\widetilde{\boldsymbol{U}}$ 和 $\widetilde{\boldsymbol{V}}$；

步骤 3　将 $\widetilde{\boldsymbol{U}}\widetilde{\boldsymbol{D}}\widetilde{\boldsymbol{V}}'$ 还原为一个矩阵，得到恢复的图像矩阵.

实现上述求解过程的具体程序代码见 MATLAB 代码 20-2，运行结果如图 2-20-2 所示，其中(a)表示原始图像，(b)表示取 $k=40$ 时得到的图像，可以看出图像模糊；(c)表示取 $k=100$ 时得到的图像，其像素为 $100\times(1024\times2+1)<1024^2$，可以看出它和原始图像基本一样而所需储存空间变小.

(a) 原始图像　(b) $k=40$　(c) $k=100$

图 2-20-2　奇异值分解对图像的压缩与恢复

练　　习

对某一彩色数字图像进行去噪、压缩与恢复.

附录 MATLAB 代码

MATLAB 代码 20-1

```
%奇异值分解的图像去噪过程
e = 1500;   %小于 e 的奇异值舍去
orig_img = imread('lena.bmp');   %读取名为 lena 的图像
dist_img = double(orig_img) + 20 * randn(size(origimg));
                                      %对图像加入高斯白噪声
uu = uint8(dist_img);
figure;imshow(dist_img,[])
[U,S,V] = svd(dist_img);   %对加噪图像矩阵进行奇异值分解
[m,n] = size(S);
for i = m:-1:1
    if S(i,i)<e
        S(i,i) = 0;
    else
        break
    end
end
deno_img = U * S * V';deno_img = uint8(deno_img);
figure; imshow(deno_img);   %输出图像
```

MATLAB 代码 20-2

```
%奇异值分解的图像压缩与恢复过程
orig_img = imread('lena.bmp');   %读取名为 lena 的图像
figure;imshow(uint8(orig_img))
[m,n] = size(orig_img);   %计算图像的大小
orig_img = double(orig_img);
[U,D,V] = svd(orig_img);   %进行奇异值分解
k = 40;   %取前 k 个奇异值
cprs_img = U(:,1:k) * D(1:k,1:k) * V(:,1:k)';
figure;imshow(uint8(cprs_img));   %输出图像
```

实验二十一 线性规划模型及其灵敏度分析

一、实验背景和目的

线性规划模型是基本的最优化模型,对很多实际问题建立的模型都是线性规划模型. LINGO 在求解线性规划模型时可以同时提供对偶价格和灵敏度分析的结果,非常便于对结果的解读. 本实验通过关于加工奶制品的生产计划问题,让学生掌握线性规划模型的 LINGO 求解方法,能够对实验结果进行正确解读,并对系数进行灵敏度分析.

二、实验理论与方法

线性规划模型是指目标函数和约束条件都是线性的最优化问题. 对于约束条件和决策变量个数比较少的线性规划模型,可以不使用集合,直接输入 LINGO 程序代码求解.

利用线性规划模型求解实际问题的基本步骤如下:

步骤 1 分析实际问题,用相关的数学符号表示决策变量和目标函数;

步骤 2 根据实际问题给出约束条件,结合步骤 1 建立线性规划模型;

步骤 3 分析、求解所建立的线性规划模型;

步骤 4 做灵敏度分析.

灵敏度分析就是分析确定最优解不变时目标函数系数的允许变化范围. 进行灵敏度分析时,首先要激活这项功能. 激活这项功能必须执行菜单栏中的命令 LONGO|Options,选择 Gengral Solver,在 Dual Computation 列表框中选择 Prices and Ranges 并确定. 然后,执行菜单栏中的命令 LINGO|Range.

三、实验示例

例(加工奶制品的生产计划) 设 1 桶牛奶经过 12 h 加工,可制成 3 kg A1;经过 8 h 加工,可制成 4 kg A2. 已知 1 kg A1 可获利 24 元,1 kg A2 可获利 16 元. 现在工厂每天有 50 桶牛奶,工人的加工时间共为 480 h,且每日 A1 的最大需求量是 100 kg.

(1) 试制订生产计划,使日利润最大.

(2) 如果 35 元可买到 1 桶牛奶,买吗? 若买,每天最多买多少桶?

(3) 如果可聘用临时工人,付出的工资最多是每小时几元?

(4) 如果 1 kg A1 的利润增加到 30 元,是否应改变生产计划?

解 设每日用 x_1 桶牛奶生产 A1,用 x_2 桶牛奶生产 A2,则有线性规划模型

$$
\begin{aligned}
&\max z = 72x_1 + 64x_2, \\
&\text{s.t. } x_1 + x_2 \leqslant 50, \\
&\quad\ 12x_1 + 8x_2 \leqslant 480, \\
&\quad\ 3x_1 \leqslant 100, \\
&\quad\ x_1, x_2 \geqslant 0.
\end{aligned}
$$

用 LINGO 编程，在运行窗口中输入程序代码，如图 2-21-1 所示. 运行状态窗口和运行结果分别如图 2-21-2 和图 2-21-3 所示.

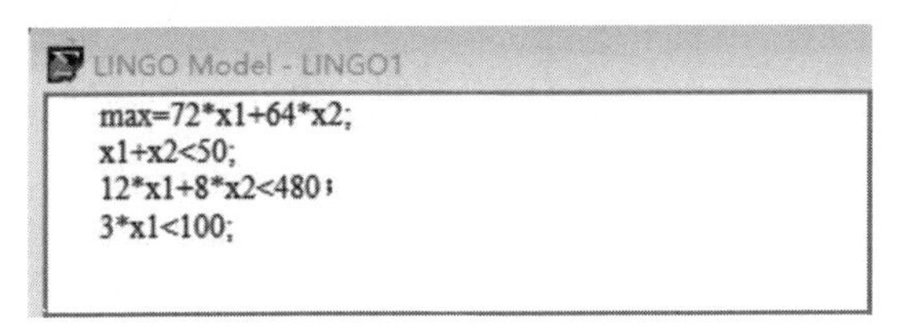

图 2-21-1　求解线性规划模型的程序代码

LINGO 11.0 Solver Status [LINGO2]

Solver Status
Model LP
State Global Opt
Objective: 3360
Infeasibility: 0
Iterations: 2

Extended Solver Status
Solver ...
Best ...
Obj Bound: ...
Steps: ...
Active: ...

Variables
Total: 2
Nonlinear: 0
Integers: 0

Constraints
Total: 4
Nonlinear: 0

Nonzeros
Total: 7
Nonlinear: 0

Generator Memory Used (K)
18

Elapsed Runtime (hh:mm:ss)
00:00:00

Update 2　Interrupt Solver　Close

图 2-21-2　运行状态窗口

在图 2-21-3 中，Reduced Cost 值指的是单纯形表中的检验数，对于基变量，Reduced Cost 为 0，对于非基变量，表示当该非基变量增加一个单位时(其他非基变量保持不变)目标函数减少的量(对 max 型问题). Row 表示的是模型中对应的行数，Slack or Surplus 反映的是资源的余缺. Dual Price(对偶价格)表示当对应约束条件有微小变化时，目标函数的变化率. 由结果可知牛奶无剩余，时间无剩余，加工能力(生产 A1 的数量)剩余 40 kg.

```
Solution Report - LINGO1
Global optimal solution found.
Objective value:                              3360.000
Infeasibilities:                              0.000000
Total solver iterations:                             2

                       Variable           Value        Reduced Cost
                             X1        20.00000            0.000000
                             X2        30.00000            0.000000

                            Row    Slack or Surplus      Dual Price
                              1        3360.000            1.000000
                              2        0.000000            48.00000
                              3        0.000000            2.000000
                              4        40.00000            0.000000
```

图 2-21-3　运行结果

由图 2-21-3 可知：

对于问题(1)，当 x_1 的取值为 20 桶，x_2 的取值为 30 桶时，日利润达到最大值，约为 3360 元；

对于问题(2)，牛奶增加 1 桶，利润增加 48 元，由于 35 元＜48 元，因此 35 元可买到 1 桶牛奶的话，应该买；

对于问题(3)，如果时间增加 1 h，利润可增加 2 元，那么雇用临时工人的工资最多为每小时 2 元.

对于问题(4)，需先做灵敏度分析，其结果如图 2-21-4 所示.

```
Range Report - LINGO1
Ranges in which the basis is unchanged:

                                 Objective Coefficient Ranges
                            Current        Allowable        Allowable
          Variable      Coefficient         Increase         Decrease
                X1         72.00000         24.00000         8.000000
                X2         64.00000         8.000000         16.00000

                                     Righthand Side Ranges
               Row          Current        Allowable        Allowable
                                RHS         Increase         Decrease
                 2         50.00000         10.00000         6.666667
                 3         480.0000         53.33333         80.00000
                 4         100.0000         INFINITY         40.00000
```

图 2-21-4　灵敏度分析结果

由图 2-21-4 可知，x_1 的系数变化范围为(64,96)，x_2 的系数变化范围为(48,72). 当 1 kg A1 的利润增加到 30 元时，x_1 的系数由 72 增加为 90，仍在 x_1 的系数变化范围内，所以最优生产计划不变. 另外，可知牛奶最多增加 10 桶，加工时间最多增加 53 h.

练　　习

已知线性规划模型

$$\begin{aligned} \max z &= 3x_1 + 4x_2, \\ \text{s.t. } & 2x_1 + x_2 \leqslant 8, \\ & 2x_1 \leqslant 6, \\ & 3x_2 \leqslant 12, \\ & x_1, x_2 \geqslant 0. \end{aligned}$$

(1) 给出利用 LINGO 求解该模型的程序代码；

(2) 给出运行结果并进行灵敏度分析；

(3) 求解下列问题：

① 最优解及最优目标函数值各是多少？

② 为了使目标函数值增加最多，若选择一个约束条件，使得常数项增加 1 个单位，你将选择哪一个约束条件？这时目标函数值将是多少？

③ 对 x_2 的目标函数系数进行灵敏度分析.

④ 对第二个约束条件的右端项进行灵敏度分析.

实验二十二　运输问题

一、实验背景和目的

对运输问题建立的模型一般是线性规划模型.运输问题涉及发货点、收货点、运费、运量等,在实际问题中通常会涉及比较多的数据,而且需要对约束条件进行分类,这时用 LINGO 软件中的集进行处理,可以很大程度简化程序代码.本实验通过运输问题的模型建立和求解,让学生掌握对运输问题进行建模以及用 LINGO 中的集编写程序代码来求解线性规划模型的方法.

二、相关函数

(1) @for:用来产生对集成员的约束.基于建模语言的标量需要显式输入每个约束.不过函数@for 允许只输入一个约束,然后 LINGO 自动产生每个集成员的约束.

(2) @sum:返回遍历指定集成员的一个表达式的和.

三、实验理论与方法

运输问题:某种物资有若干发货点和收货点,若已知各发货点的发货量限额和各收货点的收货量限额以及各发货点到各收货点的单位运费,问:应如何组织调运,才能使总运费最少?

将此运输问题具体化:假定有 m 个发货点,n 个收货点,且引入记号:

a_i——发货点 i 的发货量限额,$i=1,2,\cdots,m$;

b_j——收货点 j 的收货量限额,$j=1,2,\cdots,n$;

c_{ij}——从发货点 i 到收货点 j 的单位运费,$i=1,2,\cdots,m,j=1,2,\cdots,n$;

x_{ij}——发货点 i 到收货点 j 的调运数量,$i=1,2,\cdots,m,j=1,2,\cdots,n$.

求解所有 x_{ij} 的值,使总运输费 $\sum_{i=1}^{m}\sum_{j=1}^{n}c_{ij}x_{ij}$ 达到最少.

该运输问题的数学模型形式如下:

$$\min z=\sum_{i=1}^{m}\sum_{j=1}^{n}c_{ij}x_{ij},$$

$$\text{s. t. }\sum_{i=1}^{m}x_{ij}\geqslant b_j,j=1,2,\cdots,n,$$

$$\sum_{j=1}^{n} x_{ij} \leqslant a_i, i = 1,2,\cdots,m,$$

$$x_{ij} \geqslant 0, \text{对所有的 } i,j.$$

这是一个线性规划模型.根据该运输问题中总发货量限额 $\sum_{i=1}^{m} a_i$ 与总收货量限额 $\sum_{j=1}^{n} b_j$ 的关系,可将该运输问题分为两种情形:

(1) 当 $\sum_{i=1}^{m} a_i = \sum_{j=1}^{n} b_j$ 时,称为**平衡型运输问题**;

(2) 当 $\sum_{i=1}^{m} a_i \neq \sum_{j=1}^{n} b_j$ 时,称为**不平衡型运输问题**.

四、实验示例

例 某公司有六个建筑工地,位置坐标为(a,b)(单位:km),水泥的日用量为d(单位:t),具体数据如表 2-22-1 所示.现有两个料场,分别位于点$A(5,1)$,$B(2,7)$,水泥的日储量各为 20 t.目标是制订每天的供应计划,即确定从两个料场分别向各工地运送多少吨水泥,可使总吨公里数最小.

表 2-22-1 某公司六个建筑工地的位置坐标和水泥日用量

建筑工地序号	1	2	3	4	5	6
a/km	1.25	8.75	0.5	0.75	3	7.25
b/km	1.25	0.75	4.75	5	6.5	7.75
d/t	3	5	4	7	6	11

解 对于这个运输问题建立如下数学模型:

$$\min \sum_{j=1}^{2} \sum_{i=1}^{6} c_{ij} [(x_j - a_i)^2 + (y_j - b_i)^2]^{\frac{1}{2}},$$

$$\text{s.t.} \sum_{j=1}^{2} c_{ij} = d_i,\ i = 1,2,\cdots,6,$$

$$\sum_{i=1}^{6} c_{ij} \leqslant e_j,\ j = 1,2,$$

其中$(x_j,y_j)(j=1,2)$是第j个料场的位置坐标;$(a_i,b_i)(i=1,2,\cdots,6)$表示第$i$个建筑工地的位置坐标,$d_i(i=1,2,\cdots,6)$表示第$i$个建筑工地的水泥日用量,$c_{ij}(i=1,2,\cdots,6;j=1,2)$表示第$i$个建筑工地每天从$j$个料场运来的水泥量,$e_j(j=1,2)$表示第$j$个料场的水泥日储量.显然,这是一个线性规划模型.

在命令行窗口输入程序代码:

```
sets:
demand/1..6/:a,b,d;
supply/1..2/:x,y,e;
link(demand,supply):c;
endsets
data:
a = 1.25 8.75 0.5 5.75 3 7.25;
b = 1.25 0.75 4.75 5 6.5 7.75;
d = 3 5 4 7 6 11;e = 20,20;
x,y = 5,1,2,7;
enddata
init:
endinit
[obj] min = @sum(link(i,j):c(i,j) * ((x(j) - a(i))^2 + (y(j)
        - b(i))^2)^(1/2));
@for(demand(i):[demand_con] @sum(supply(j):c(i,j)) = d(i););
@for(supply(i):[supply_con] @sum(demand(j):c(j,i))< = e(i););
End
```

运行结果：

```
Global optimal solution found.
Objective value:                          136.2275
Infeasibilities:                          0.000000
Total solver iterations:                         1
                  Variable        Value        Reduced Cost
                  C(1,1)       3.000000          0.000000
                  C(1,2)       0.000000          3.852207
                  C(2,1)       5.000000          0.000000
                  C(2,2)       0.000000          7.252685
                  C(3,1)       0.000000          1.341700
                  C(3,2)       4.000000          0.000000
                  C(4,1)       7.000000          0.000000
                  C(4,2)       0.000000          1.992119
                  C(5,1)       0.000000          2.922492
                  C(5,2)       6.000000          0.000000
                  C(6,1)       1.000000          0.000000
```

```
C(6,2)          10.00000          0.000000
```

运行结果中 C$(i,j)(i=1,2,\cdots,6;\ j=1,2)$表示第 i 个建筑工地每天从 j 个料场运来的水泥量. 从运行结果可知,总吨公里数的最小值约为 136.2275.

练　习

一个最小费用运输问题的供应量、需求量及单位运费分别见表 2-22-2、表 2-22-3 和表 2-22-4,试对该运输问题建立数学模型,并给出求解所建立模型的 LINGO 程序代码.

表 2-22-2　供应量表

仓库	WH1	WH2	WH3	WH4	WH5	WH6
供应量	60	55	51	43	41	52

表 2-22-3　需求量表

商店	V1	V2	V3	V4	V5	V6	V7	V8
需求量	35	37	22	32	41	32	43	38

表 2-22-4　单位运费表

仓库	商店							
	V1	V1	V1	V1	V1	V1	V1	V1
WH1	6	2	6	7	4	2	5	9
WH2	3	6	5	3	8	9	8	2
WH3	7	6	1	5	7	4	3	3
WH4	5	2	7	3	9	2	7	1
WH5	2	3	9	5	5	2	6	5
WH6	5	7	2	2	3	1	4	3

实验二十三　排 队 模 型

一、实验背景和目的

排队论又称随机服务系统理论，是通过研究各种服务系统等待现象中的概率特征，从而解决服务系统最优设计与最优控制问题的一种理论.排队问题最关键的是建立数学模型，得到各个量之间的关系.本实验通过排队问题的相关实例，让学生掌握运用 LINGO 求解排队模型的方法.

二、相关函数

(1) @peb(load,S)：到达负荷为 load，服务系统中有 S 个服务台且允许排队时系统繁忙的概率，也就是顾客等待的概率.

(2) @pel(load,S)：到达负荷为 load，服务系统中有 S 个服务台且不允许排队时系统的顾客损失率，也就是顾客得不到服务而离开的概率.

三、实验理论与方法

1. 排队论

排队论研究如何对随机发生需求提供服务的系统，建立数学模型，以预测其行为.现实世界中排队的现象比比皆是，如到商店等待购货，轮船等待进港，病人等待就诊，机器等待修理，等等.各种排队的现象具有如下共同特征：

(1) 有请求服务的人或物，如候诊的病人、请求着陆的飞机等，我们将此称为“顾客”.

(2) 有为顾客提供服务的人或物，如医生、飞机跑道等，我们称此为“服务台”.

(3) 顾客随机地一个一个(或者一批一批)来到服务台，每位顾客需要服务的时间不是确定的，服务过程的这种随机性造成某个时段顾客需排队等候，而某个时段服务台又空闲无事.

2. 服务系统

服务系统有下列组成部分：

1) 输入过程

输入过程是指顾客来到服务台的概率分布.对于排队问题，首先要根据原始资料，由顾客到达的规律做出经验分布，然后按照统计学的方法(如 χ^2 检验法)确定服从哪种理论分布，并估计它的参数.我们主要讨论顾客来到服务台的概率分布为泊松分布，且顾客的到达相互独立、平稳的输入过程. 所谓平稳,是指分布的期望(均值)和方差参数都不受时间的影响.

2) 排队规则

排队规则就是顾客排队和等待的规则. 排队规则一般有损失制和等待制两种. 损失制是指服务台被占用时顾客便随即离去;等待制是指服务台被占用时顾客便排队等候服务. 等待制排队规则的服务次序规则有先到先服务、随机服务、有优先权的先服务等,我们主要讨论先到先服务的服务系统.

3) 服务机构

服务机构可以有一个服务台,也可以有多个服务台;可以对单独顾客进行服务,也可以对成批顾客进行服务. 和输入过程一样,顾客的服务时间都是随机的,且我们总是假定服务时间的分布是平稳的. 若以 ξ_n 表示服务台为第 n 个顾客提供服务所需的时间,则服务时间构成的序列 $\{\xi_n\}$ 所服从的概率分布表达了服务系统的服务机制. 一般假定服务时间序列 $\{\xi_n\}$ 是独立同分布的,并且任意两个顾客到达的间隔时间序列 $\{T_n\}$ 也是独立同分布的.

如果按服务系统以上三个特征的各种可能情形来对服务系统进行分类,那么分类过于复杂. 因此,现在被广泛采用的是按顾客相继到达时间间隔和服务时间的分布以及服务台的个数进行分类.

4) 基本数量指标

研究排队问题的目的是,研究服务系统的运行效率,估计服务质量,确定服务系统参数的最优值,以判定服务系统的结构是否合理,决定设计改进措施等. 所以,必须确定用来判断服务系统运行优劣的基本数量指标. 这些数量指标通常是队长、逗留时间、忙期.

- 队长

队长是指服务系统中的顾客个数,它的期望值记为 L_Q;等待队长是指在服务系统中等待服务的顾客个数,它的期望值记为 L_S. 所以,L_S(或 L_Q)越大,说明服务效率越低. 显然,有如下关系:

$$\text{队长}=\text{等待队长}+\text{正被服务的顾客个数}.$$

- 逗留时间

逗留时间是指一个顾客在服务系统中的停留时间,即顾客从进入服务系统到服务完毕的整个时间,它的期望值记为 W_Q;等待时间是指一个顾客在服务系统中等待服务的时间,它的期望值记为 W_S. 逗留时间与等待时间有如下关系:

$$\text{逗留时间}=\text{等待时间}+\text{服务时间}.$$

- 忙期

忙期是指从顾客到达空闲服务机构起到服务机构再次空闲的这段时间,即服务机构连续工作的时间长度. 它关系到服务台的工作时间长度,忙期和一个忙期内平均完成服务的顾客个数,这些都是衡量服务效率的指标.

3. 排队模型

1) 排队模型的表示

一般排队模型的表示形式如下：

$$X/Y/Z/A/B/C,$$

其中

X——顾客相继到达的间隔时间的分布；

Y——服务时间的分布；

Z——服务台个数；

A——系统容量限制(默认为∞)；

B——顾客源数目(默认为∞)；

C——服务规则(默认为先到先服务 FCFS).

另外，引入如下记号：

M——负指数分布；

D——确定型；

Ek——k 阶埃尔朗分布.

2) 等待制排队模型和损失制排队模型

常用的排队模型有等待制排队模型和损失制排队模型.

- 等待制排队模型

等待制排队模型中最常见的模型是 M/M/S/∞，即顾客相继到达的间隔时间独立，且服从参数为 λ 的负指数分布，服务台的服务时间也独立同分布，且服从参数为 μ 的负指数分布，而且服务机构空间无限，允许永远排队.

等待制排队模型的基本参数是：

(1) 顾客等待的概率 P_{WAIT}，它可以由如下命令得到：

```
PWAIT = @peb(load,S)
```

其中 S 是服务台的个数，$\text{load}=\dfrac{\lambda}{\mu}=RT$，其中 $R=\lambda$，$T=\dfrac{1}{\mu}$，R 是顾客的平均到达率，T 是平均服务时间；

(2) 顾客的平均等待时间 W_Q，其计算公式为

$$W_Q = P_{\text{WAIT}} \cdot \frac{T}{S-RT},$$

其中$\dfrac{T}{S-RT}$可以看成一个合理的时间间隔；

(3) 顾客的平均逗留时间 W_S，其计算公式为

$$W_S=W_Q+\frac{1}{\mu}=W_Q+T;$$

(4) 平均队长 L_S,其计算公式为

$$L_S=\lambda W_S=RW_S;$$

(5) 平均等待队长 L_Q,其计算公式为

$$L_Q=\lambda W_Q=RW_Q.$$

- 损失制排队模型

损失制排队模型中最常见的是 M/M/S/S,当 S 个服务台被占用后,顾客自动离去.

损失制排队模型的基本参数是:

(1) 服务系统的顾客损失率 P_{LOST},它可以由下面的命令得到:

```
PLOST = @pel(load,S)
```

其中 S 是服务台的个数,$\text{load}=\dfrac{\lambda}{\mu}=RT$.

(2) 单位时间内平均进入服务系统的顾客数 λ_E,其计算公式如下:

$$\lambda_E=\lambda(1-P_{\text{LOST}})=R(1-P_{\text{LOST}}).$$

(3) 服务系统的相对通过能力 Q 与绝对通过能力 A:

$$Q=1-P_{\text{LOST}},$$

$$A=\lambda_E Q=\lambda(1-P_{\text{LOST}})^2=R(1-P_{\text{LOST}})^2.$$

(4) 单位时间内被占用服务台的均值 L_S,其计算公式如下:

$$L_S=\frac{\lambda_E}{\mu}=R_E T\quad(R_E=\lambda_E).$$

(5) 服务系统的服务效率 η,它可由公式 $\eta=\dfrac{L_S}{S}$来计算.

(6) 顾客的平均逗留时间 W_S,其计算公式为

$$W_S=\frac{1}{\mu}=T.$$

四、实验示例

例 1 某维修中心在周末只安排一名员工为顾客提供服务,新来的顾客到达后,若已有顾客正在接受服务,则需排队等候.假设顾客的到达过程为泊松流,平均每小时 4 人,维修时间服从负指数分布,平均需要 6 min,试求顾客到达该维修中心时需等待的概率,顾客的平均等待时间和平均逗留时间,该维修中心的平均排队顾客个数和平均顾客个数.

解 在命令行窗口输入:

```
S = 1;R = 4;T = 6/60;load = R * T;
PWAIT = @peb(load,S);
WQ = PWAIT * T/(S - load);
WS = WQ + T;
```

```
LQ = R * WQ;
LS = WS * R;
```

运行结果：

```
Feasible solution found.
Total solver iterations: 0
PWAIT = 0.4000000;
WQ = 0.6666667E - 01;
WS = 0.1666667;
LQ = 0.2666667;
LS = 0.6666667.
```

由运行结果可知，顾客到达该维修中心时需等待的概率约为 0.4，顾客的平均等待时间和平均逗留时间分别约为 0.0667 min 和 0.1667 min；该维修中心的平均排队顾客个数和平均顾客个数分别约为 0.2667 和 0.6667.

例 2 设某打印室有 3 名打字员，平均每个文件的打印时间为 10 min，而文件到达率为每小时 15 个，试求该打印室繁忙的概率，文件等待打印的平均时间和平均逗留时间，等待打印的平均文件个数，等待打印及正打印的平均文件个数.

解 在命令行窗口输入：

```
S = 3;R = 15;T = 10/60;load = R * T;
PWAIT = @peb(load,S);
WQ = PWAIT * T/(S - load);
WA = WQ + T;
LQ = R * WQ;
LS = WS * R;
```

运行结果：

```
Feasible solution found.
Total solver iterations: 0
PWAIT = 0.7022472
WQ = 0.2340824
WS = 0.4007491
LQ = 3.511236
LS = 6.011236
```

由运行结果可知，打印室繁忙的概率约为 0.7022，文件等待打印的平均时间和平均逗留时间分别约为 0.2341 h 和 0.4007 h，等待打印的平均文件个数约为 3.5112，等待打印及正在打印的平均文件个数约为 6.0112.

例 3 设某电话线平均每分钟有 0.6 次呼唤，若每次通话时间平均为 1.25 min，求电话没有接通的概率,平均每分钟的通话次数,这条电话线的服务效率.

解 在命令行窗口输入:

```
S = 1;R = 0.6;T = 1.25;load = R * T;
PLOST = @pel(load,S);
Q = 1 - PLOST;
RE = Q * R;
A = Q * RE;
LS = RE * T;
ETA = LS/S;
```

运行结果:

```
Feasible solution found.
Total solver iterations: 0
PLOST = 0.4285714;
Q = 0.5714286;
RE = 0.3428571;
A = 0.1959184;
LS = 0.4285714;
ETA = 0.4285714.
```

由运行结果可知,电话没有接通的概率约为 0.4286,平均每分钟的通话次数约为 0.1959,这条电话线的服务效率约为 0.4286.对于一个损失制服务系统而言,服务系统的服务效率等于顾客损失率.

练　习

1. 某单位的电话交换台有一台 200 条内线的总机,已知在每天上班的 8 h 内,有 20% 的内线分机平均每 40 min 需接一次外线电话,80% 的内线分机平均每 120 min 需接一次外线电话.又知外线打入内线的电话平均每分钟一次,每次通话的时间平均为 3 min,并且上述时间均服从负指数分布.如果要求通话率为 95%,问:该电话交换台应设置多少条外线?

2. (系统服务台的确定)考虑为一大型露天矿山修建矿石装卸位.已知运矿石的卡车按泊松流到达,平均每小时 15 辆,装矿石时间服从负指数分布,平均 3 min 装一辆,又知每辆运送矿石的卡车售价是 8 万元,修建一个装卸位的费用是 14 万元,问:应修建多少个矿石装卸位最为适宜?

实验二十四　存储模型

一、实验背景和目的

存储论(或称库存论)是定量方法和技术方面最早的领域之一,它是研究存储系统的性质、运行规律以及如何寻找最优存储策略的一门学科,也是运筹学的重要分支.存储论的数学模型一般分成两类:一类是确定性模型,它不包含任何随机因素;另一类是带有随机因素的随机存储模型.通过本实验让学生掌握利用LINGO求解存储模型的方法.

二、相关函数

(1) @for:产生对集成员的约束.基于建模语言的标量需要显式输入每个约束,不过函数@for允许只输入一个约束,然后LINGO自动产生每个集成员的约束.

(2) @min:返回指定集成员的一个表达式的最小值.

(3) @sum:返回遍历指定集成员的一个表达式的和.

三、实验理论与方法

1. 存储模型的基本要素

(1) **需求率**:单位时间内对某种货物的需求量,用D表示.

(2) **订货批量**:一次订货中某种货物的数量,用Q表示.

(3) **订货周期**:两次订货的时间间隔,用T表示.

2. 存储模型的基本费用

(1) **订货费**:组织一次订货或采购的费用,通常认为与订购数量无关,记为C_D.

(2) **存储费**:用于存储的全部费用,通常与存储货物的多少和时间长短有关,记为C_P.

(3) **短缺损失费**:由于货物短缺而产生的一切费用,与损失货物的多少和短缺时间的长短有关,记为C_S.

经济批量是指最优的订货量,即使一定时间段内的存储费和订货费的总和最小的订货量.

3. 模型建立

(1) 模型假设:

① 每次订货费为C_D,单位时间内单位货物的存储费为C_P;

② 单位时间内货物的需求量为 r，单位货物的价格为 k；

③ 订货周期为 T，订货批量为 $Q=rT$；

④ 当货物的存储量降到零时，下一批货物立即达到；

⑤ 在 t 时刻，货物的存储量为 $q(t)=Q-rt$.

通常认为，C_D 越高，需求量 r 越大，Q 就越大；C_P 越大，Q 就越小.

(2) 模型建立：

一个周期内的总费用为

$W=$一个周期内的订货费+一个周期内的存储费+一个周期内的货物成本，

即

$$W = C_D + C_P\int_0^T q(t)\mathrm{d}t + kQ = C_D + C_P\int_0^T (Q-rt)\mathrm{d}t + krT$$

$$= C_D + \frac{1}{2}C_P rT^2 + krT,$$

于是单位时间内的平均费用为

$$\overline{W}(T) = \frac{W}{T} = \frac{C_D}{T} + \frac{1}{2}C_P rT + kr.$$

令

$$\frac{\mathrm{d}\overline{W}(T)}{\mathrm{d}T} = 0,$$

得

$$T = \sqrt{\frac{2C_D}{rC_P}},$$

从而有

$$Q = rT = \sqrt{\frac{2rC_D}{C_P}}.$$

这就是经济批量，记为 Q^*.

四、实验示例

例 某个电器公司的生产流水线用到某种零件，这种零件需要靠购买得到. 为此，该公司考虑了如下费用结构：

① 订货费为 12 000 元/次；

② 零件的存储费为 0.3 元/(件·月)；

设今年这种零件的月需求量为 8000 件.

(1) 试求今年该公司对这种零件的最佳订货策略及费用，即公司应如何安排这种零件的订货时间与订货批量，使得全部费用最少？

(2) 若明年对这种零件的需求量将提高一倍，则这种零件的订货批量应比今年增加多少？订货次数应为多少？

解　(1) 具体求解的程序代码见 LINGO 代码 24-1，其运行结果如下：

```
Feasible solution found at iteration：0
Variable      Value
CD            12000.00
D             96000.00
CP            3.600000
Q             25298.22
T             0.2635231
N             3.794733
TC            91073.60
```

上述运行结果中，N 是一年的订货次数，TC 是对应的总费用，N 必须为正整数，比较 N=3 与 N=4 时全年的费用就可以得到最少费用. LINGO 代码 24-2 可以实现这一比较，其运行结果如下：

```
Feasible solution found at iteration：
0
Variable      Value
CD            12000.00
D             96000.00
CP            3.600000
N(1)          3.000000
N(2)          4.000000
Q(1)          32000.00
Q(2)          24000.00
TC(1)         93600.00
TC(2)         91200.00
```

由运行结果可知，全年组织 4 次订货更好一些，每季度订货 1 次，每次订货 24 000 件，一年的总费用为 91 200 元.

(2) 修改程序 24-1 代码中的 D 的值，D=192 000，则运行结果如下：

```
Feasible solution found.
Total solver iterations：0
Variable      Value
CD            12000.00
D             192000.0
CP            3.600000
```

```
Q           35777.09
T           0.1863390
N           5.366563
TC          128797.5
```

由于订货次数 N 必须为整数,所以由运行结果知需比较 N=5 和 N=6 的情况. 修改代码 24-2 中的相应代码,取 D=192 000,N=5,6,则运行结果如下:

```
Feasible solution found.
Total solver iterations: 0
Variable      Value
CD          12000.00
D           192000.0
CP          3.600000
N(1)        5.000000
N(2)        6.000000
Q(1)        38400.00
Q(2)        32000.00
TC(1)       129120.0
TC(2)       129600.0
```

由运行结果可知,明年应组织 5 次订货,每次的订货批量为 38 400 件,即订货批量比今年增加了 14 400 件,一年的总费用为 129 120 元.

上述求解方法是一种常规的方法,我们也可以通过 LINGO 代码 24-3 直接进行整数求解.

练　　习

某公司计划订购一种商品用于销售,已知该商品的年销售量为 40 000 件,订货费为 9000 元/次,商品的价格 C(单位:元/件)与订货批量 Q(单位:件)的有关,具体为

$$C=\begin{cases}35.225, & 0<Q\leqslant 10\,000,\\ 34.525, & 10\,000<Q\leqslant 20\,000,\\ 34.175, & 20\,000<Q\leqslant 30\,000,\\ 33.825, & 30\,000<Q.\end{cases}$$

又知存储费是商品价格的 20%,问:应如何安排订货批量与订货时间?

附录　LINGO 代码

LINGO 代码 24-1

```
MODEL:
CD = 12000;
D = 96000;
CP = 3.6;
Q = (2 * CD * D/CP)^0.5;
T = Q/D;
N = 1/T;
TC = 0.5 * CP * Q+CD * D/Q;
END
```

LINGO 代码 24-2

```
MODEL:
sets:
times/1..2/: N,Q,TC;
endsets
data:
N = 3,4;
CD = 12000;
D = 96000;
CP = 3.6;
enddata
@for(times:
N = D/Q;
TC=0.5 * CP * Q+CD * D/Q;
);
END
```

LINGO 代码 24-3

```
MODEL：
sets：
order/1..99/：TC，EOQ；
endsets
@for(order(i)：
EOQ(i)=D/i；
TC(i)=0.5*CP*EOQ(i)+CD*D/EOQ(i)；
)；
TCmin=@min(order：TC)；
Q=@sum(order(i)：EOQ(i)*(TCmin #eq# TC(i)))；
N=D/Q；
data：
CD = 12000；
D = 192000；
CP = 3.6；
enddata
END
```

参考文献

[1] 胡晓冬，董辰辉. MATLAB 从入门到精通[M]. 2 版. 北京：人民邮电出版社，2018.

[2] 甘勤涛，胡仁喜，程政田，等. MATLAB 2018 数学计算与工程分析从入门到精通[M]. 3 版. 北京：机械工业出版社，2019.

[3] 万福永，戴浩晖，潘建瑜. 数学实验教程：Matlab 版[M]. 北京：科学出版社，2006.

[4]《运筹学》教材编写组. 运筹学：本科版[M]. 4 版. 北京：清华大学出版社，2013.

[5] 谢金星，薛毅. 优化建模与 LINDO/LINGO 软件[M]. 北京：清华大学出版社，2005.

[6] 杨晓光，等. 城市道路交通设计指南[M]. 北京：人民交通出版社，2003.

[7] 姜启源，谢金星，叶俊. 数学模型[M]. 5 版. 北京：高等教育出版社，2018.

[8] 陈怀琛，高淑萍，杨威. 工程线性代数：MATLAB 版[M]. 北京：电子工业出版社，2007.

[9] 刘光祖. 概率论与应用数理统计[M]. 北京：高等教育出版社，2000.

[10] 周晓阳. 数学实验与 Matlab[M]. 武汉：华中科技大学出版社，2002.

[11] 马莉. MATLAB 语言实用教程[M]. 北京：清华大学出版社，2010.

[12] 王丽霞. 概率论与数理统计：理论、历史及应用[M]. 大连：大连理工大学出版社，2010.

[13] 郭民之. 概率统计实验[M]. 北京：北京大学出版社，2012.

[14] 黄龙生，黄敏. 概率统计应用与实验[M]. 北京：中国水利水电出版社，2018.

[15] 彭祖赠，孙韫玉. 模糊(Fuzzy)数学及其应用[M]. 2 版. 武汉：武汉大学出版社，2002.

[16] 华东师范大学数学科学学院. 数学分析：上册[M]. 5 版. 北京：高等教育出版社，2019.

[17] 王高雄，周之铭，朱思铭，等. 常微分方程[M]. 4 版. 北京：高等教育出版社，2020.

[18] 李志林，欧宜贵. 数学建模及典型案例分析[M]. 北京：化学工业出版社，2006.

[19] 石博强，滕贵法，李海鹏，等. MATLAB 数学计算范例教程[M]. 北京：中国铁

道出版社，2004.

[20] 李亚杰，黄根隆. 数学实验[M]. 北京：高等教育出版社，2004.

[21] 艾冬梅，李艳晴，张丽静，等. MATLAB 与数学实验[M]. 北京：机械工业出版社，2014.